# 中国

2008

外文出版社

总 策 划：周明伟
主　　编：周明伟　黄友义　郭长建　吴　伟
执行主编：徐明强　呼宝民
副 主 编：李振国　陈　实

# 前　言

每逢提到中国，人们常常会想起其悠久的历史，灿烂的文化，眼前浮现的是长城、秦兵马俑、故宫等自然人文景观和历史遗迹。

自从 1978 年打开国门，30 年来，中国经济持续高速增长，带来了社会的惊人变化，人们开始不仅关注古老的中国文明，也更加关注她的今天和明天。

从 1992 年开始，我们每年出版一本年鉴类的《中国》小百科，以介绍中国的基本情况为主，向读者展示中国在政治、经济、文化等各领域的现状与发展变化。

《中国 2008》作为外国读者了解中国的入门读物，除了保留一些基本史实和信息外，大幅增加了中国一年来的发展和变化的资料。从中，我们可以看到中国的国际往来、经济增长、环境保护、科技与教育、文化交流和社会生活等各个方面的最新动态，以帮助读者全面深入地认知中国。

希望您能喜欢这本图书，并请随时提出意见建议。

# 目录
CONTENTS

## 基本信息



## 国土与资源



## 历史概况



## 行政区划与城市

## 人口与民族



## 政治制度与国家机构



## 中国与世界

## 国民经济



## 环境保护

## 教育与科技



## 生活与文化



## 专题



## 附录

# 中国在世界上的位置

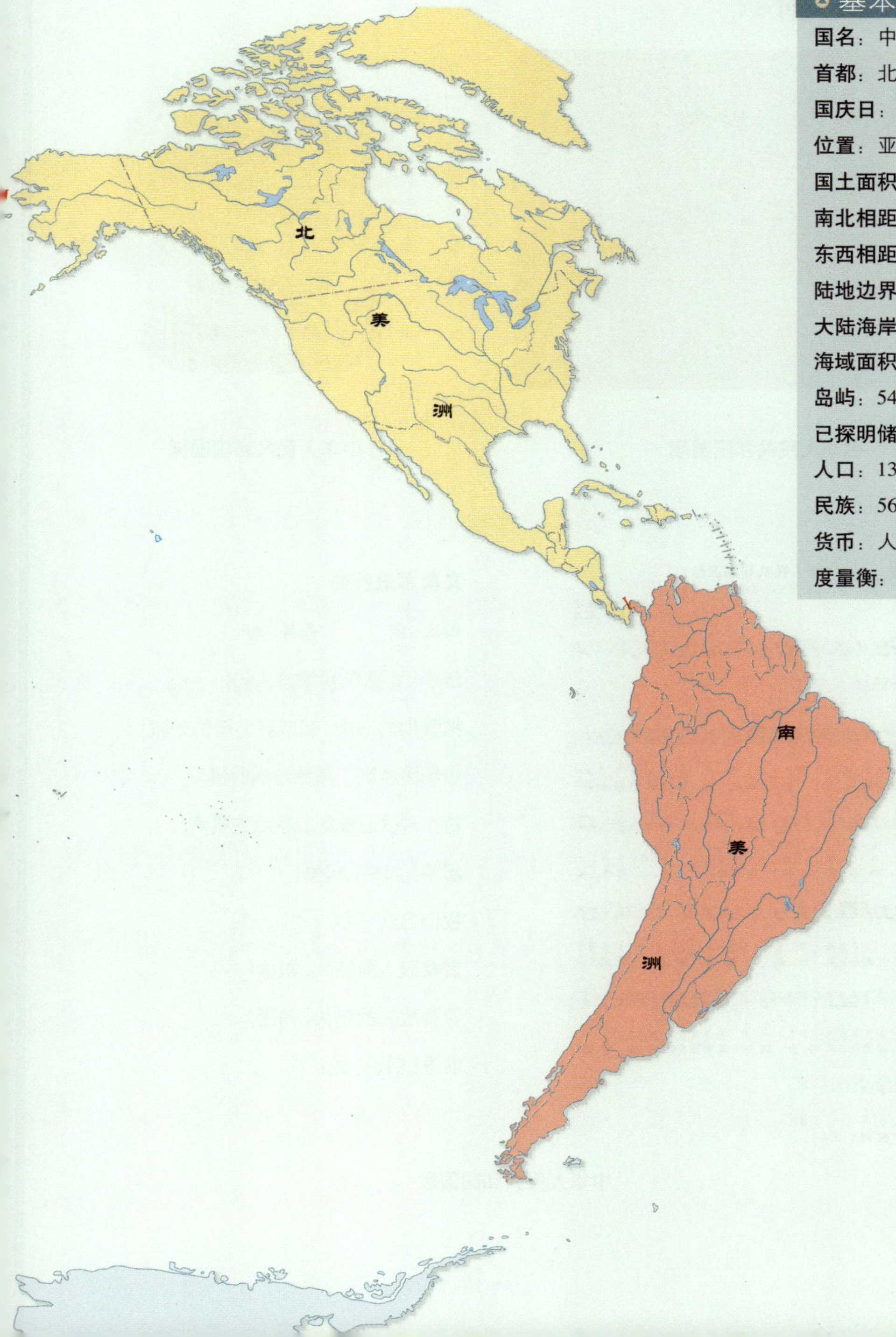


## 基本信息

**国名**：中华人民共和国

**首都**：北京

**国庆日**：10月1日

**位置**：亚洲东部

**国土面积**：960万平方公里

**南北相距**：约5500公里

**东西相距**：约5200公里

**陆地边界**：2.28万公里

**大陆海岸线**：约1.8万公里

**海域面积**：473万平方公里

**岛屿**：5400个

**已探明储量的矿产**：158种

**人口**：13亿

**民族**：56个

**货币**：人民币

**度量衡**：公制

# 国旗、国徽、国歌

中华人民共和国国旗

中华人民共和国国徽

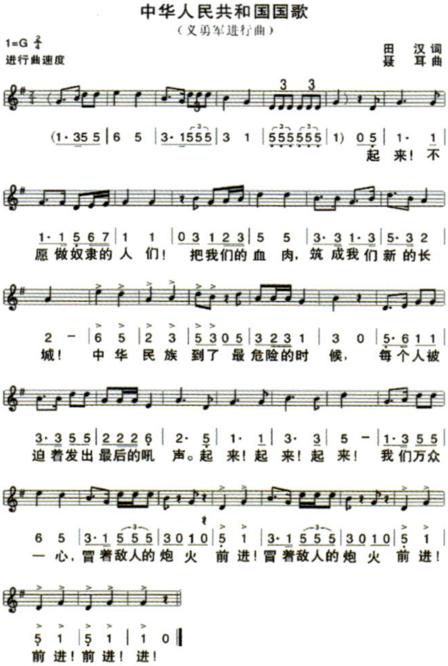


## 义勇军进行曲

田汉 词　　　聂耳 曲

起来！不愿做奴隶的人们！

把我们的血肉，筑成我们新的长城！

中华民族到了最危险的时候，

每个人被迫着发出最后的吼声。

起来！起来！起来！

我们万众一心，

冒着敌人的炮火，前进！

冒着敌人的炮火，前进！

前进！前进！进！

中华人民共和国国歌

# 国家领导人

**胡锦涛**

中华人民共和国主席

**吴邦国**

全国人大常委会委员长

**温家宝**

国务院总理

**贾庆林**

全国政协主席

# 国土与资源

疆域
山脉
高原
平原
盆地
河流
湖泊
气候
土地
矿产
动物和植物

中国疆域图

俄 罗
哈萨克斯坦
吉尔吉斯斯坦
塔吉克斯坦
阿富汗
巴基斯坦
克什米尔
蒙 古
中 华 人 民 共 和
印
尼泊尔
雅鲁藏布江
不丹
印度
印 度
孟加拉国
缅 甸
澜沧江
长
越南
老挝
泰国
海
中华人民共和国
台湾岛
越南
东沙群岛
海南岛
西沙群岛
南
黄岩岛
菲律宾
老挝
柬埔寨
越南
中沙群岛
海
南沙群岛
马来西亚
文莱
曾母暗沙
印度尼西亚
南海诸岛

# 疆域

中华人民共和国位于亚洲大陆的东部、太平洋西岸。陆地面积 960 万平方公里，仅次于俄罗斯和加拿大，是世界上第三大国。中国领土北起漠河以北的黑龙江江心，南到南沙群岛南端的曾母暗沙，南北相距约 5500 公里；东起黑龙江与乌苏里江汇合处，西到帕米尔高原，东西相距约 5200 公里。

中国大陆海岸线长约 1.8 万公里。海岸地势平坦，多优良港湾，且大部分为终年不冻港。中国大陆的东部与南部濒临渤海、黄海、东海和南海，海域面积 473 万平方公里。渤海为中国的内海，黄海、东海和南海是太平洋的边缘海。

## 岛屿

在中国海域上，分布着5400个岛屿。其中台湾岛最大，面积3.6万平方公里；海南岛次之，面积3.4万平方公里。位于台湾岛东北海面上的钓鱼岛、赤尾屿，是中国最东的岛屿。散布在南海上的岛屿、礁、滩总称南海诸岛，为中国最南的岛屿群，依照位置不同称为东沙群岛、西沙群岛、中沙群岛和南沙群岛。

## 毗邻国家

中国陆地边界长达2.28万公里，东邻朝鲜，北邻蒙古，东北邻俄罗斯，西北邻哈萨克斯坦、吉尔吉斯斯坦、塔吉克斯坦，西和西南与阿富汗、巴基斯坦、印度、尼泊尔、不丹接壤，南与缅甸、老挝、越南相连；东部和东南部同韩国、日本、菲律宾、文莱、马来西亚、印度尼西亚隔海相望。

## 山脉

中国平均海拔6000米以上的山脉有9座，平均海拔4000米以上的有20多座。喜马拉雅山脉为中国境内最高的山脉，呈弧形分布在中国与印度、尼泊尔等国的边境上。它有30多座海拔7300米以上的高峰、11座海拔8000米以上的高峰，其主峰珠穆朗玛峰海拔8844.43米，是世界最高峰。昆仑山脉平均海拔5500—6000米，从西向东跨越新疆、西藏、青海、四川等省区，长达2500多公里，宽200—500公里，是中国境内最长最宽的山脉。值得一提的还有唐古拉山脉和秦岭。青藏高原中部的唐古拉山脉平均海拔6000米，是中国最长的河流长江的源头；秦岭西起甘肃省东部，东到河南省西部，平均海拔2000—3000米，是中国南北之间一条重要的人文地理界线，也是南北气候的分水岭。

## 高原

中国有四大高原。青藏高原包括西藏、青海全部及甘肃、云南、四川等省部分地区，是世界上海拔最高的高原，被称为“世界屋脊”，平均海拔4000米以上。内蒙古高原位于内蒙古境内，其东部是草原，西部为沙漠。黄土高原包括陕西、山西等六省区的全部或部分地区，黄土覆盖层厚，水土流失严重。云贵高原包括云南省东部以及贵州省大部，是典型的喀斯特地貌。

## 平原

中国有三大平原。东北平原面积35万多平方公里，是中国第一大平原；华北平原面积约30万平方公里，处于中国腹地；长江中下游平原面积约20万平方公里，地势低平，由长江冲积而成。

中国地形图

珠穆朗玛峰

青藏高原

# 盆地

中国有四大盆地。塔里木盆地是中国最大的盆地，位于新疆维吾尔自治区境内，盆地内有中国最大、世界第二的塔克拉玛干沙漠。准噶尔盆地也位于新疆境内。柴达木盆地位于青海省境内，是中国最高的盆地。四川盆地位于四川省境内，是中国最湿润的盆地。

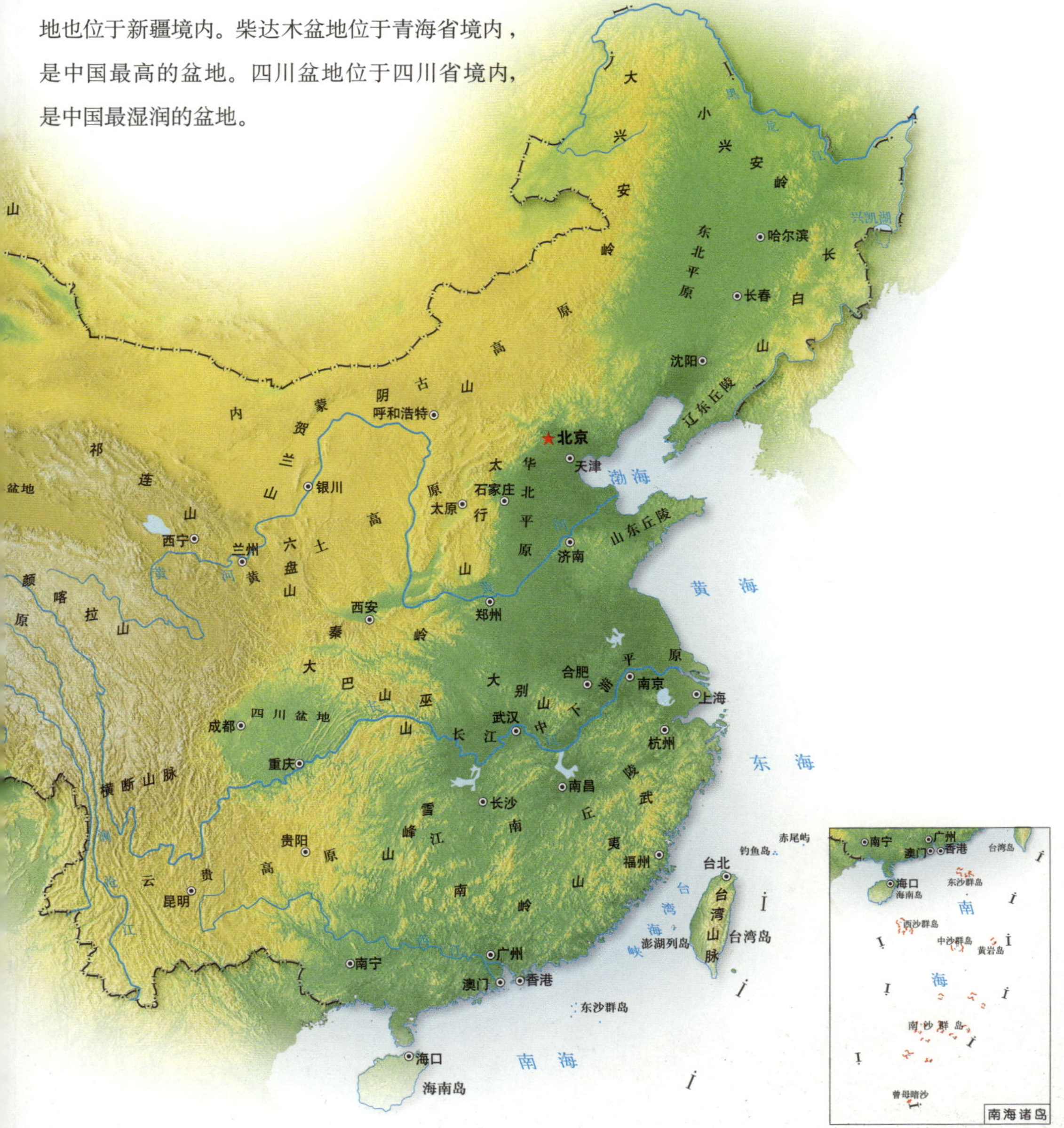

雅鲁藏布大峡谷

# 河流

中国境内河流众多，流域面积在 1000 平方公里以上的河流达 1500 余条，水力资源非常丰富，蕴藏量达 6.8 亿千瓦，居世界第一位。但由于中国人口众多，人均水资源占有量仅为世界人均占有量的四分之一。

中国河流分为外流河和内流河。注入海洋的外流河，流域面积约占全国陆地总面积的 64%；流入内陆湖或消失于沙漠、盐滩之中的内流河，流域面积约占全国陆地总面积的 36%。

长江是中国第一大河，全长 6300 公里，为世界第三大河。其上游穿行于高山深谷之间，蕴藏着丰富的水力资源。长江也是中国东西水上运输的大动脉，天然河道优越。黄河为中国第二大河，全长 5464 公里，其流域是中国古代文明的发祥地之一。黑龙江是中国北部的大河，全长 4350 公里，其中有 3101 公里流经中国境内；珠江为中国南部的大河，全长 2214 公里。新疆南部的塔里木河是中国最长的内流河，全长 2179 公里。

除天然河流外，中国还有一条著名的人工河，那就是贯穿南北的大运河。它始凿于公元前五世纪，北起北京，南抵浙江杭州，沟通海河、黄河、淮河、长江、钱塘江五大水系，全长 1801 公里，是世界上开凿最早、最长的人工河。

# 湖泊

中国境内湖泊众多，长江中下游地区和青藏高原是湖泊最多的两个地区。前者为淡水湖最集中的地区，主要有鄱阳湖、洞庭湖、太湖、洪泽湖等，其中江西省北部的鄱阳湖最大，面积 3583 平方公里；后者主要分布着咸水湖，有青海湖、纳木湖、奇林湖等，其中以青海省东北部的青海湖最大，面积 4583 平方公里。

水资源分布示意图

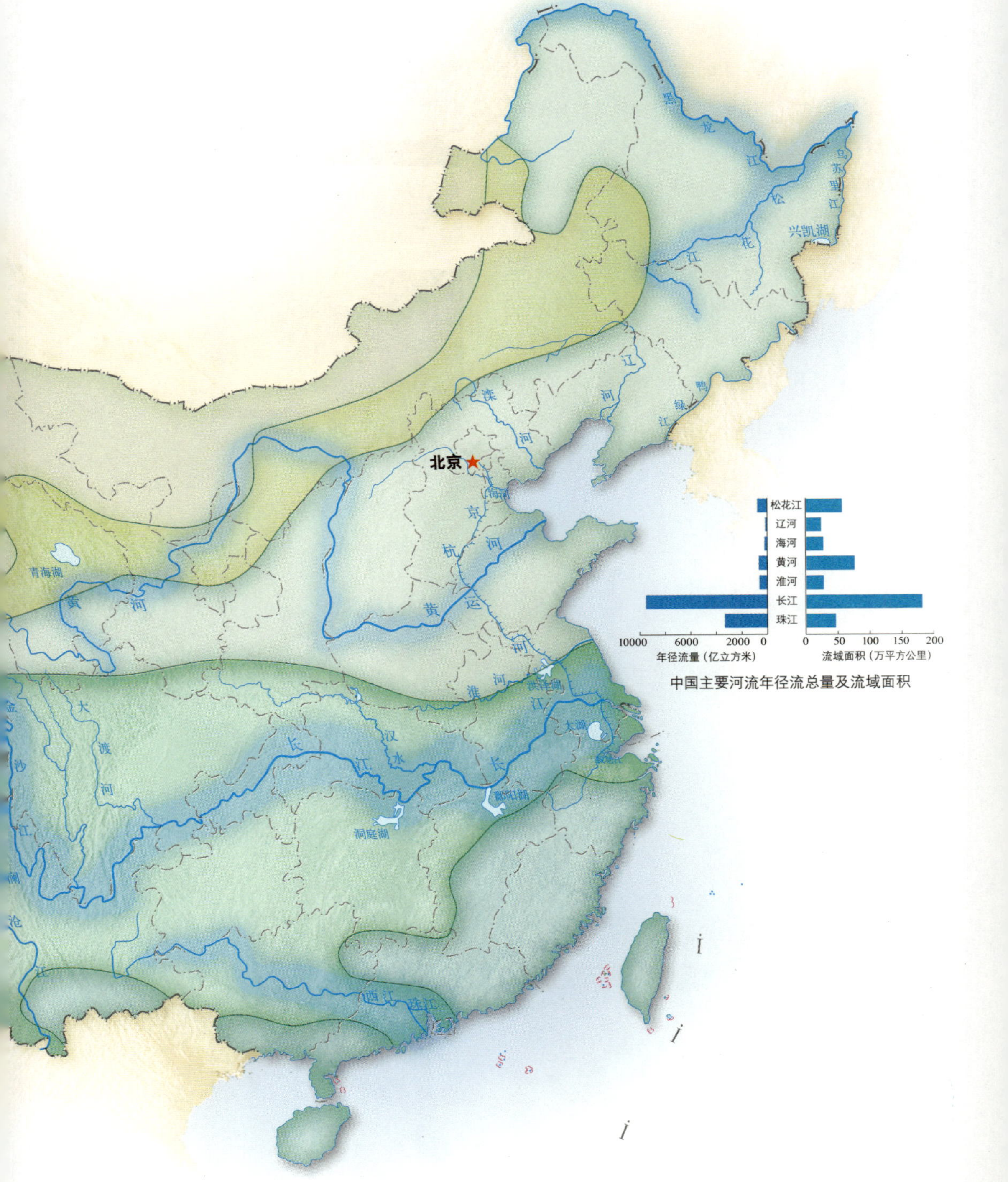


中国主要河流年径流总量及流域面积

# 气候

中国的大部分地区位于北温带，气候温和，四季分明，适宜人类居住与生存。大陆性季风气候是中国气候的主要特点。每年9月至次年4月，干寒的冬季风从西伯利亚和蒙古高原吹来，寒冷干燥，南北温差甚大。每年的4月至9月，暖湿的夏季风从东部和南部海洋吹来，普遍高温多雨，南北温差甚小。中国从南至北呈现出赤道带、热带、亚热带、暖温带、温带、寒温带六个温度带；降水量从东南向西北逐渐减少，各地年平均降水量差异很大，东南沿海可达1500毫米以上，而西北内陆还不到200毫米。

东北地区的雪景

海南岛的热带风光

降水量分布示意图

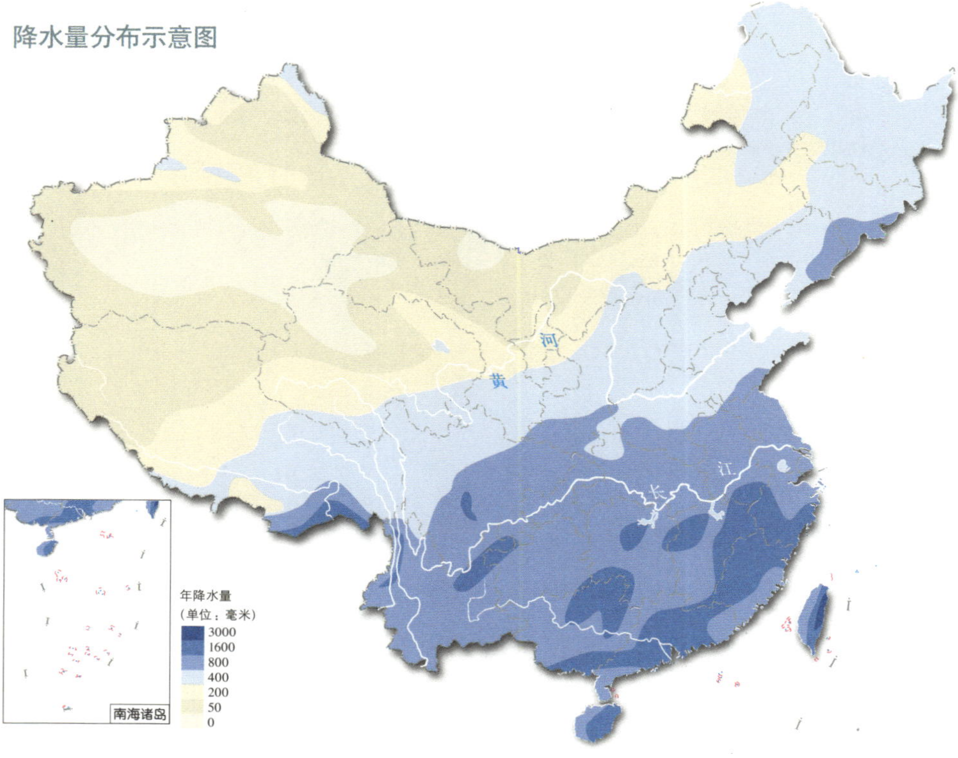

## 气候类型示意图

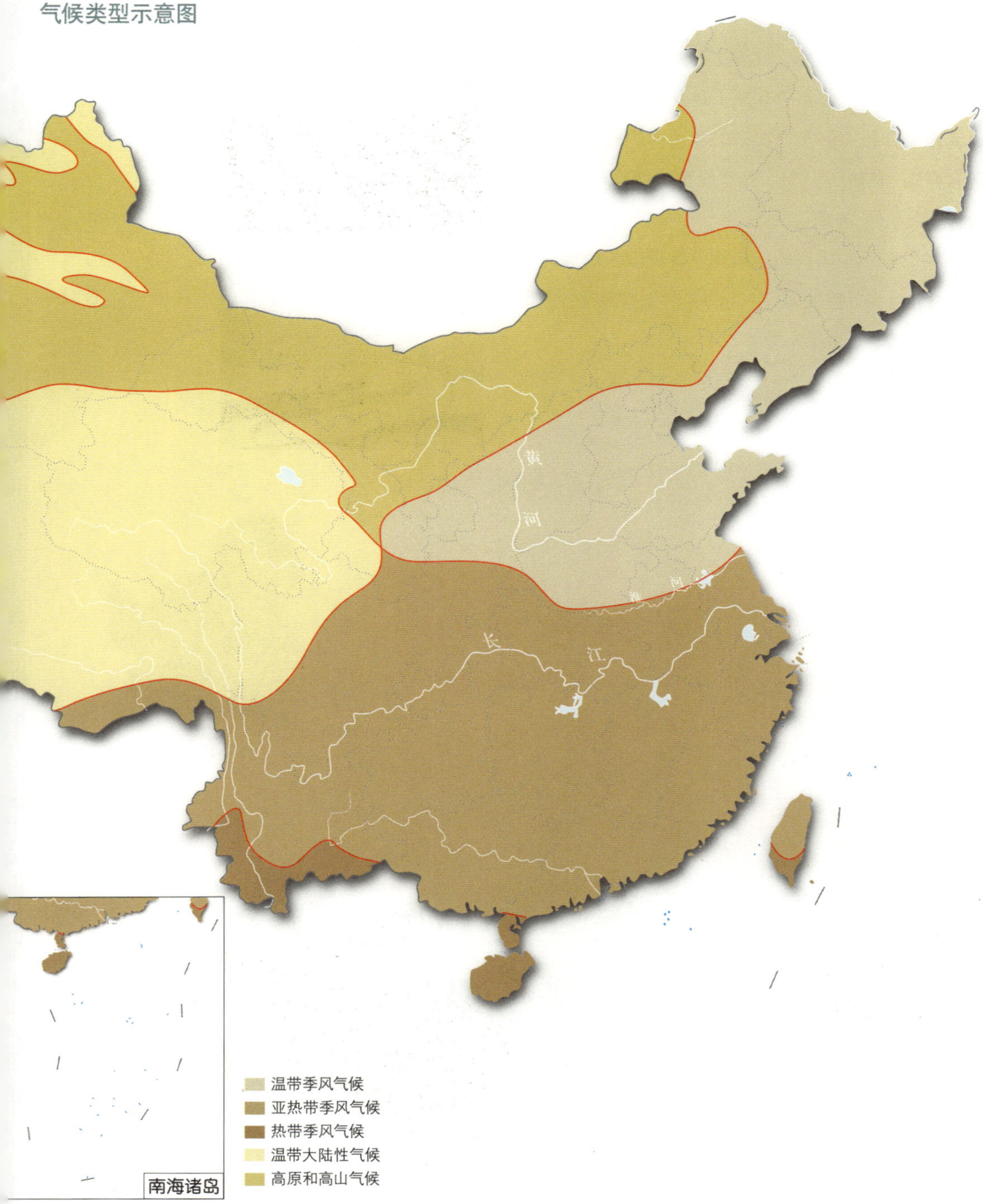

# 土地

耕地、林地、草地、荒漠、滩涂等在中国都有大面积分布。耕地主要集中在东部，草原多分布在北部和西部，而森林大都集中在东北和西南边远地区。中国现有耕地 12178 万公顷。草原面积约 40000 万公顷，占国土总面积的 41.6%；森林面积 17491 万公顷，森林覆盖率 18.21%；中国耕地、森林、草原面积的绝对数量均居世界前列，但按人口平均的相对数量却很少。尤其是耕地，还不足世界人均水平的三分之一。

条块分割的耕地

西南地区的梯田

林区、牧区划分示意图

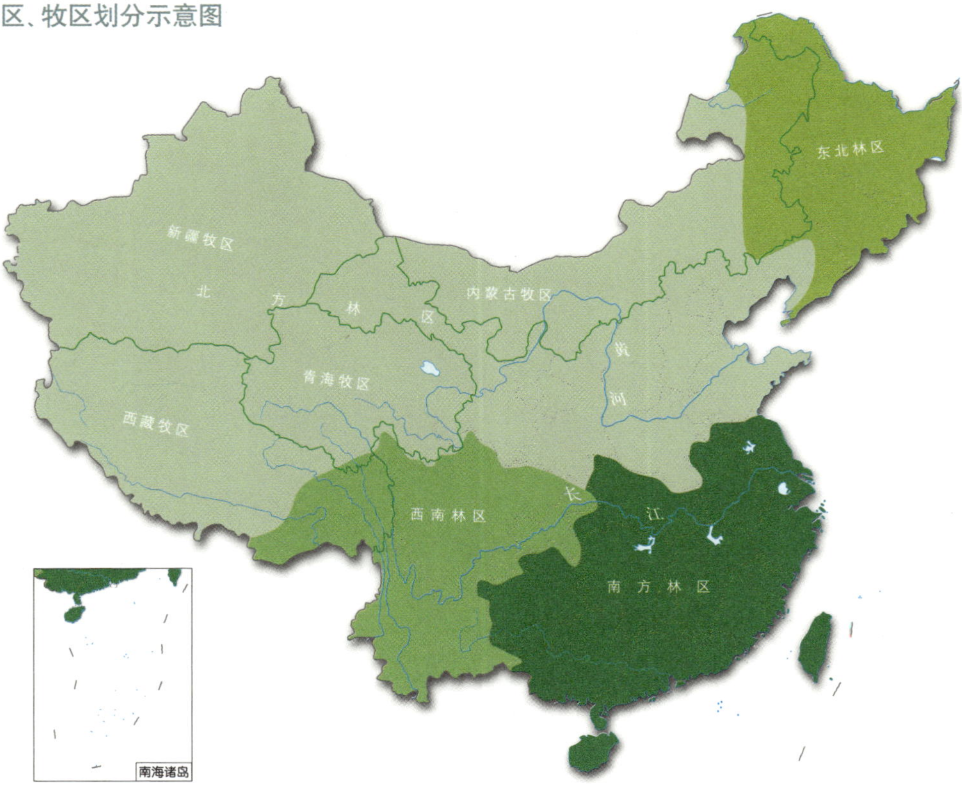

## 农业区划分示意图

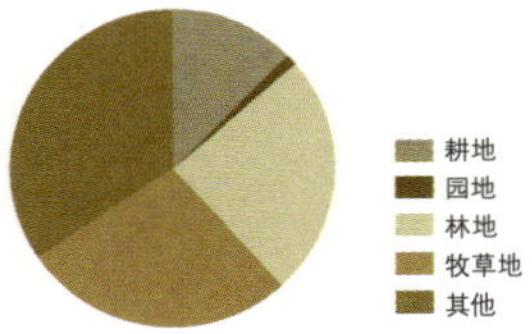


### 天然林区

东北地区的大兴安岭、小兴安岭和长白山区，是中国最大的天然林区，遍布针叶林与阔叶林。其次为西南天然林区，该区主要树种有云杉、冷杉、云南松；云南省南部的西双版纳是中国少有的热带阔叶林区，森林植物多达5000余种，有“植物王国”之称。

### 农业区

东北平原、华北平原、长江中下游平原、珠江三角洲和四川盆地是中国的主要农业区。东北平原盛产小麦、玉米、大豆、高粱、亚麻和甜菜。华北平原的农作物有小麦、玉米、谷子、棉花等。长江中下游平原地势低平，河流和湖泊星罗棋布，是中国最大的水稻、淡水鱼产区，素称“鱼米之乡”，并且盛产茶叶和桑蚕。被誉为“天府之国”的四川盆地气候暖湿，农作物可四季生长，盛产水稻、油菜和甘蔗。珠江三角洲盛产水稻，每年可收获二至三次。

### 天然牧场

在中国，从东北到西南绵延数千公里的草原带上，分布着多个畜牧业基地。内蒙古草原为中国最大的天然牧场，出产著名的三河牛、三河马和蒙古绵羊。新疆天山南北也是中国重要的天然草场和牲畜良种基地，出产著名的伊犁马和新疆细毛羊。

# 矿产

世界上已知的矿产在中国均能找到，且储量丰富。目前，已经探明储量的矿产有158种，总储量居世界第三位。煤、铁、铜、铝、锑、钼、锰、锡、铅、锌、汞等主要矿产储量均居世界前列。其中煤炭基础储量约3335亿吨，主要分布在华北、西北地区，尤以山西、内蒙古、陕西、新疆最为丰富；铁矿石的基础储量约221亿吨，主要分布在东北、华北和西南地区。稀土金属的储量，比世界其他国家的稀土总量还多。

石油、天然气、油页岩等矿产也很丰富。石油主要蕴藏在西北地区，其次为东北、华北地区和东部沿海浅海大陆架。

矿产分布示意图

金属矿产及储量

| | | | |
|---|---|---|---|
| 铁 220.9 亿吨 | 铅 1351.4 万吨 | 钒 1404.4 万吨 | 钼 381.0 万吨 |
| 锰 2.29 亿吨 | 锡 153.5 万吨 | 铜 3069.9 万吨 | 铝 7.4 亿吨 |
| 镍 272.7 万吨 | 金 1995.0 吨 | 银 4.5 万吨 | 锑 95.0 万吨 |
| 钨 241.4 万吨 | 铬 521.4 万吨 | 稀土 1905.9 万吨 | 汞 |
| 镁 | 铀 | 锂 | 钛 |

非金属矿产及储量

| | | |
|---|---|---|
| 菱镁矿 19.0 亿吨 | 盐矿 1833.0 亿吨 | 煤 3334.8 亿吨 |
| 钾盐 2.7 亿吨 | 磷灰石 37.0 亿吨 | 石油 27.6 亿吨 |
| 萤石 3477.4 万吨 | 硫磺 | 天然气 30009.2 亿立方米 |
| 云母 | 石棉 | |
| 硼 | 金刚石 | |

东海平湖油气田

安徽淮北煤矿区

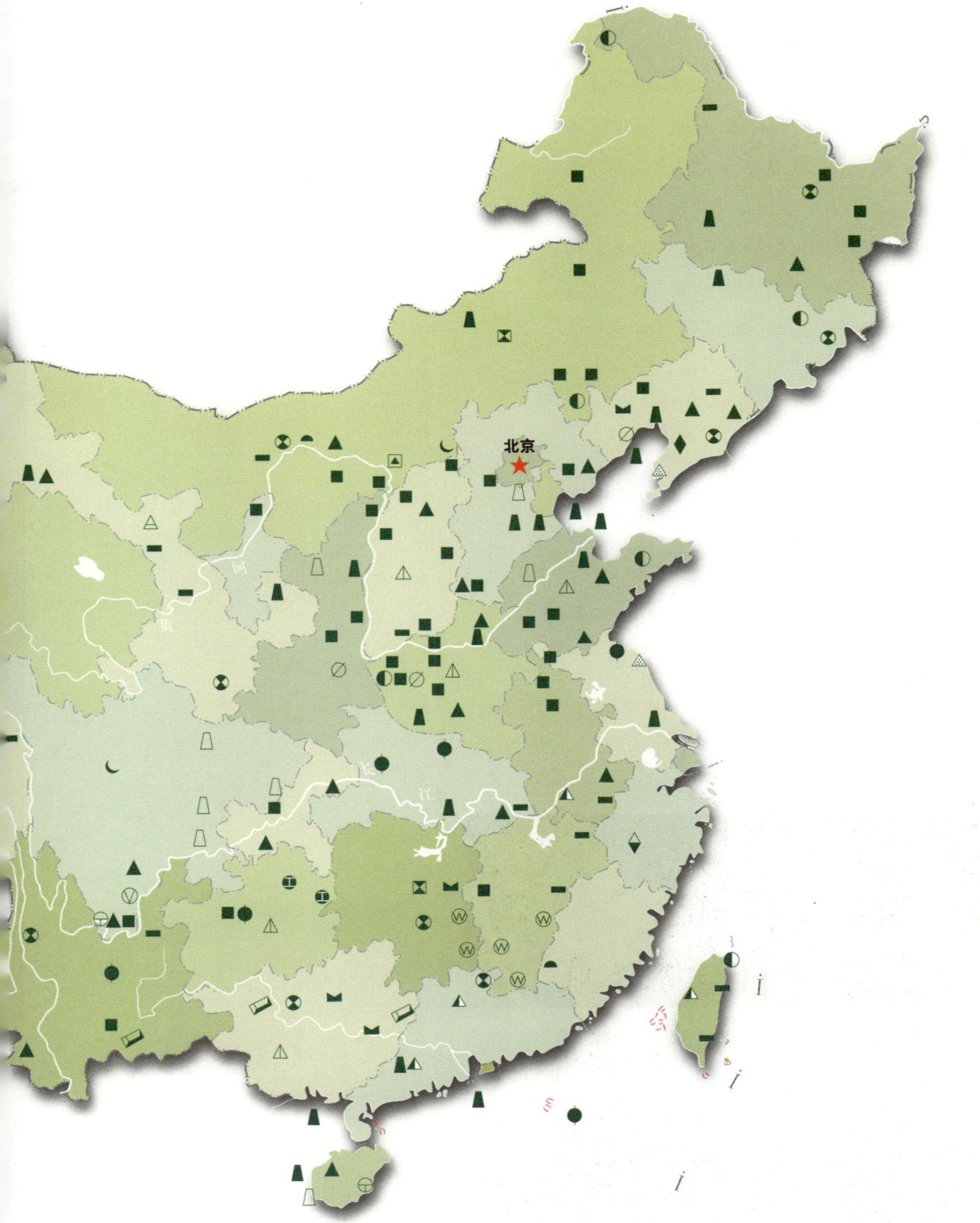
北京

# 动物和植物

中国是世界上野生动植物种类最多最丰富的国家之一，仅脊椎动物就有6266种，其中陆栖脊椎动物2404种，鱼类3862种，约占世界脊椎动物种类总数的10%；仅高等植物就有3.2万余种，其中木本植物7000多种（含乔木2800余种），食用植物2000余种，药用植物3000多种，北半球寒、温、热各带植被的主要植物，在中国几乎都可以看到。

### 特有动物和植物

中国特有的珍稀野生动物有大熊猫、金丝猴、华南虎、褐马鸡、丹顶鹤、朱鹮、白鳍豚、扬子鳄等百余种。水杉、水松、银杉、杉木、金钱松、台湾杉、福建柏、珙桐、杜仲、喜树等植物为中国所特有。水杉是一种高大乔木，被列为世界古稀名贵植物。金钱松产于长江流域山地，叶子簇生在短枝上，状如铜钱，春夏苍绿，秋天变黄，是世界珍贵庭园树种之一。

植物区域和稀有动物分布示意图

朱鹮

独叶草

珙桐

水杉

I 寒温带针叶林区
II 温带针叶树－落叶阔叶树混交林区
III 暖温带落叶阔叶林区
IV 东部亚热带常绿阔叶林区
V 西部亚热带常绿阔叶林（旱性）区
VI 东部热带季雨林、雨林区
VII 西部热带季雨林、雨林区
VIII 温带草原区
IX 暖温带草原区
X 高寒草甸和草原区
XI 温带荒漠区
XII 暖温带荒漠区
XIII 高寒荒漠区
驯鹿
狼獾
驼鹿
麝
紫貂
天鹅
丹顶鹤
东北虎
大鸨
鸳鸯
黄羊
梅花鹿
青羊
扫雪
猕猴
鹅喉羚
长尾雉
褐马雉
岩羊
大鲵
盘羊
白唇鹿
白马鸡
金丝猴
獐
大熊猫
白鳍豚
扬子鳄
角雉
毛冠鹿
羚羊
黑鹿子
小熊猫
野牛
澜
沧
江
懒猴
鳄蜥
绿孔雀
野象
叶猴
黑长臂猿
双角犀鸟
华南虎
台湾猴
海南坡鹿

# 历史概况

古老的文明

统一与文明传播

十七世纪以后的变迁

历史上的一些重要人物

十七世纪以后的一些重要事件

# 古老的文明

殷墟是中国最早的古代都城遗址，图为该地区出土的司母戊鼎。

中国是世界文明古国之一，有文字可考的历史将近4000年。在距今六七千年的浙江余姚河姆渡遗址和陕西西安半坡遗址，发现了人工栽培的稻谷和粟粒及农耕工具。大约在5000年前，中国人已知道了冶炼铜的技术。4000多年前的夏朝（公元前2070年—前1600年）是中国最古老的王朝，3000多年前的商朝（公元前1600年—前1046年）开始使用铁器，2000多年前的周朝（公元前1046年—前221年）已经出现制钢技术。公元前770年—前221年的春秋战国时期，思想学术空前活跃，涌现出一批对后世产生深远影响的著名哲学家，其中有老子、孔子、孟子、韩非子，还有军事学家孙武。

### 甲骨文

20世纪初，考古学家在河南安阳的商朝都城遗址——殷墟发现了近10万块龟甲和牛骨。这些甲骨上刻有近5000个不同的文字，记载了商王朝祭祀祖先神灵、军事征战、任命官职、建筑城市，以及占卜吉凶等内容。甲骨文是迄今发现最早并可读通的中国文字。

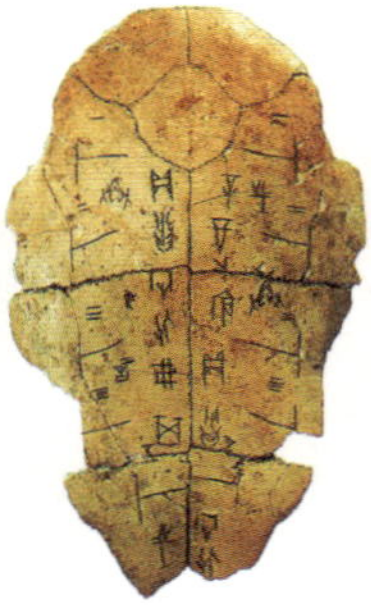

# 统一与文明传播

公元前221年，秦始皇嬴政以武力攻灭各诸侯国，结束了几百年的战乱局面，建立了中国历史上第一个统一的、中央集权的多民族封建国家——秦。自此直至1911年，中国共经历了13个大的统一的封建王朝和两个相对稳定的多王朝时期。

秦始皇塑像

在这漫长的岁月里，中国人先后发明了造纸术、印刷术、指南针和火药；农业、手工业和商业日益兴盛，纺织、染色、陶瓷、冶炼等技术十分发达。公元元年左右，汉王朝（公元前206年—公元220年）疏通了从长安（今陕西西安）经新疆、中亚直抵地中海东岸的道路——“丝绸之路”，包括丝织品、瓷器在内的各种产品被源源不断地运往国外。此后，四大发明与先进的科学文化也陆续被传播到世界各地。

历时近 300 年的唐朝（公元 618—907 年），把中国封建社会的繁荣昌盛推向了顶峰。七世纪六十年代，中国的力量不仅在塔里木盆地、准噶尔盆地、伊犁河流域牢牢扎根，甚至扩展到中亚的许多城邦。中国与日本、朝鲜、印度、波斯、阿拉伯等许多国家建立了广泛的经济和文化联系，海上贸易十分发达。随着造船业的发展，公元十五世纪时的明朝（公元 1368—1644 年），中国人郑和率领庞大的船队进行了七次规模巨大的海上远航，途经东南亚各国、印度洋、波斯湾、马尔代夫群岛等 30 余国，最远到达非洲东海岸的索马里和肯尼亚。

## 十七世纪以后的变迁

十七至十八世纪，清朝（公元 1644—1911 年）最著名的皇帝康熙（1654—1722）统一了台湾，遏止了沙俄的扩张，制定了由中央政府最终决定西藏地方领袖的一整套规章制度。在其统治下，中国疆土面积超过 1100 万平方公里。但到了十九世纪初，清王朝日渐衰败。英国在这一时期向中国大量输入鸦片，并为保护鸦片贸易于 1840 年对中国发动侵略战争，迫使清政府签订了丧权辱国的《南京条约》。此后，英、美、法、俄、日等国家不断入侵中国，强迫清政府签订各种不平等条约和割地赔款，中国逐渐沦为半殖民地半封建社会。

孙中山

1911 年孙中山领导的辛亥革命，推翻了清王朝近 270 年的统治，同时也结束了延续 2000 多年的封建君主制，建立了中华民国，这是中国近代史上最伟大的事件之一。

1911 年至 1949 年，中国经历了多次内战，打赢了中国历史上最长的抗击外敌入侵的自卫战——抗日战争（1937—1945 年）。

1949 年 10 月 1 日，中华人民共和国成立。中国共产党作为执政党，经过 50 多年的奋斗、探索、改革，今天，它已经成功地让一个世界上人口最多的发展中国家呈现出政局稳定、经济高速发展、人民丰衣足食、外交活跃的鼎盛局面。

# 历史上的一些重要人物

### 炎帝与黄帝

黄帝与炎帝（约公元前26世纪初）是中国历史上的的传说人物，被共同尊奉为中华民族的祖先。今天的中国人往往称自己为“炎黄子孙”。

### 司马迁

司马迁（约公元前145—前87年）是汉朝的史官，其所著中国第一部通史《史记》，约成书于公元前100年左右，记述了从传说中的黄帝直至公元前122年间的3000年左右的历史，开中国纪传体通史之先河。

### 孔子、老子与孙子

公元前七世纪到公元前三世纪的400多年间，是中国哲学的经典时代。这一时期产生了中国哲学思想主体的儒家、法家、道家，还有其他诸如兵家、墨家、五行家等数十个思想流派。其中，孔子与他的《论语》、老子与他的《道德经》、孙武与他的《孙子兵法》成为这一时期的代表。

春秋（公元前770年－前476年） 战国（公元前475－前221年） 秦（公元前221年－前206年） 汉（公元前206－公元220年）

### 秦始皇

作为中国第一个统一帝国的第一位皇帝，秦始皇（公元前259—前210年）统一了文字，统一了度量衡，统一了货币，建立了郡县制度和律令。由他奠定的封建国家框架在以后的2000多年中一直被沿用。他还修筑了万里长城和通往北方边地的直道，以及他自己的陵墓，随葬的8000个如真人大小的陶俑、陶马和战车栩栩如生，浩浩荡荡。

### 汉武帝

汉武帝刘彻（公元前156—前87年）16岁当皇帝。他巩固中央集权，把盐、铁、铸钱收归官营，并兴修水利，治理黄河，加强边防。进一步开辟通往西域和欧洲的“丝绸之路”，把汉帝国推向鼎盛。

### 张衡

汉朝的科学家张衡（78—139），创制了世界上第一架表演天象的漏水转浑天仪和第一架测定地震的仪器——候风地动仪。他首次解释月食的成因，认识到行星运动的快慢与距地球的远近有关。

### 蔡伦

公元 105 年，汉朝宦官蔡伦（？—121）用树皮、破鱼网、破布、麻头等为原料发明了植物纤维纸，这种纸更适合书写，原料来源也更加丰富，成本更为低廉，从而得以在中国乃至在世界范围内普遍推广。

### 祖冲之

中国南北朝时期的数学家祖冲之（429—500），是世界上第一个把圆周率的准确数值计算到小数点以后七位数字的人。

### 鉴真

鉴真（688—763），唐代高僧，14 岁出家研习律宗。应日本僧人之邀，公元 753 年东渡到达日本，在那里讲经、传布律宗，还把中国的建筑、雕塑、绘画、医药等知识传到日本。

三国（公元 220–280 年）｜晋（公元 265–420 年）｜南北朝（公元 420–589 年）｜隋（公元 581–618 年）｜唐（公元 618–907 年）

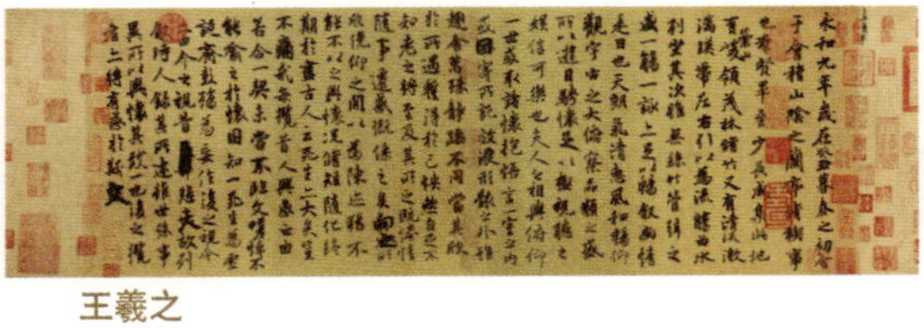

### 王羲之

王羲之（321—379）是晋朝的书法家。他把中国书法引领到一个新的高度，被尊为“书圣”。传世作品有《兰亭集序》，为中国书法作品之瑰宝。

### 唐太宗

唐太宗李世民（599—649），完善科举制度以选拔人才，推行均田制等政策，大兴水利，使农业得到较大发展。在位期间，注意扩大国内各民族之间的联系，保持“丝绸之路”畅通，促进了中外经济和文化的交流。

## 李白与杜甫

唐朝为中国古典诗歌发展的全盛时期，诗人数以千计，流传至今的诗歌5万余首。其中李白(701—762)的浪漫主义诗篇与杜甫(712—770)的现实主义诗篇代表了中国古典诗歌的最高水平。

## 苏轼

苏轼(1037—1101)，宋朝文学家和书画家。他写诗清新、作词豪放，书法擅长行草和楷书，绘画工于怪石和枯木。

## 成吉思汗与元朝

成吉思汗(1162—1227)凭借他杰出的政治谋略和正确的战略战术统一了蒙古高原各部，并在1215年确立了对整个中国北方地区的控制权，为他的子孙最终建立一个庞大的、世界性的帝国打下了基础。1271年，成吉思汗的孙子忽必烈(1215—1294)称帝，建立了中国历史上第一个由非汉民族统治的统一的元王朝，历时近100年。

宋
（公元960–1279年）

元
（公元1271–1368年）

## 毕昇

宋朝人毕昇（？—约1051）发明了活字印刷术。他在黏土制成的一个个小方块上刻单字，再用火烧成陶字。排版时，把陶字放在一个铁框里，排满为一版；印刷时可以同时排版。印完一版以后，陶字拆下来还可以再用，所以叫做活字。活字印刷被认为是人类印刷史上的一次革命。

## 朱熹

朱熹(1130—1200)是宋朝著名的哲学家，一生主持书院，从教50余年，弟子众多。他的哲学思想成为明、清时期的正统意识形态。

## 关汉卿

关汉卿(约1220—1300)是元朝的戏剧家。一生创作了60多种杂剧。代表剧目有《窦娥冤》、《蝴蝶梦》、《拜月亭》、《单刀会》等。

## 康熙

康熙皇帝玄烨（1654—1722）8 岁登基，13 岁亲政。在位期间，统一台湾，遏止了沙俄的扩张，制定了由中央政府最终决定西藏地方领袖的一整套规章制度。同时鼓励开荒，治理河道，保证京杭大运河畅通。

## 郑和

郑和（1371—1435），明朝太监。公元 1405—1433 年的 28 年间，曾七次奉命率领庞大船队出使西洋，途经 30 多国，最远到达非洲东海岸和红海海口。

## 洪秀全

洪秀全（1814—1864），1851 年领导武装起义，建号太平天国，自称“天王”，旨在推翻清朝。公元 1853 年太平军攻克南京，于此建都。1864 年洪秀全病逝，后起义失败。

明（公元 1368—1644 年）　清（公元 1644—1911 年）　中华民国（公元 1912—1949 年）　中华人民共和国（公元 1949— ）

## 李时珍

明朝医药学家李时珍（1518—1593）著有《本草纲目》，全书载有药物 1892 种，其中新药 374 种，收集医方 11096 个，还绘制了 1111 幅精美的插图，系统总结了几千年来的中国医药学成就。

## 李自成

李自成（1606—1645），陕北农民。1620 年参加农民起义，被推为“闯王”。公元 1644 年 3 月攻破北京，推翻明王朝。后清兵入山海关围攻北京，李自成败走，死于湖北。

## 孙中山

孙中山（1866—1925）是中国民主革命的先行者。他组织成立中国同盟会，提出了“民族、民权、民生”的三民主义。他于 1911 年领导民众推翻清朝帝制——是为“辛亥革命”，就任中华民国临时大总统。1912 年，孙中山将同盟会改组为中国国民党；1924 年，创立黄埔陆军军官学校，以创造“革命军来挽救中国的危亡”为宗旨，为中国革命培养了大批军事政治人才。

# 十七世纪以后的一些重要事件

### 郑成功收回台湾

在十七世纪初，荷兰的东印度公司入侵台湾，把它作为贸易殖民地。中国将军郑成功（1624—1662）于1662年收回台湾及澎湖等岛屿，确立了中国人在那里的主权。1684年，清王朝在台湾设立台湾府，后又建行省，台湾置于清政府管辖之下。

### 第一次鸦片战争

从十九世纪开始，一些西方国家用鸦片打开了中国的大门。1839年，中国官员林则徐在虎门当众销毁近120万公斤鸦片。1840年6月28日，英国海军舰队借机封锁珠江口，先后攻占了厦门、上海等港口，并沿长江直逼中国内陆，威胁南京。

### 达赖、班禅封号的确立

1653年，清朝顺治皇帝册封达赖五世为“达赖喇嘛”。1713年，康熙皇帝又遣使册封五世班禅为“班禅额尔德尼”。与此同时，清政府还规定以后历世达赖和班禅都必须经过中央政府的册封，这一制度一直沿用到今天。

### 南京条约

1842年8月29日，英国军队兵临南京城下，清朝政府被迫签订了不平等条约《南京条约》。根据该条约，中国除大量的战争赔款之外，还将香港割让给英国，并开放五个港口城市作为对外通商口岸。美国、法国、西班牙、意大利等国家纷纷以武力相威胁，获取了同样的的特权，中国从此沦为半殖民地。

### 第二次鸦片战争

1856 年到 1860 年，英法联合舰队在俄、美的支持之下，对中国发动第二次鸦片战争，迫使清政府与英、法、俄、美四国签订了更多的不平等条约。清朝除支付大量的战争赔款之外，还失去了大片国土。誉称为“万园之园”的北京圆明园也被英法联军焚毁。

### 戊戌变法

1898 年，康有为（1858—1927）等发起了一场涉及政治、军事、经济、文化等方面的改良运动，他们的理想是依靠清王朝在中国建立君主立宪的政体，实现国家的富强。这场运动遭到清王朝保守派的反对，在持续了 100 天之后，以一场残酷的屠杀而宣告结束。

### 洋务运动

洋务运动发生在十九世纪六十年代至九十年代中期，是清政府所进行的与西方资本主义有密切联系的军事、政治、经济、文化、外交等方面的活动。主要内容有：开办军事工业和相应企业，建立装备新式武器的陆海军，派遣留学生到欧美等地去学习等。这场运动以求强求富为开始，以最终失败而告终。

### 辛亥革命

辛亥革命是孙中山领导的中国民主革命。1911 年，当清政府准备将全国铁路修筑权转让给外国时，各种力量联合起来，发动了起义，夺取了南方各省的政权。1912 年 1 月 1 日，中华民国南京临时政府成立，2 月 12 日，清朝末代皇帝被迫退位，结束了中国 2000 多年的君主专制，而代之以共和体制。

### 五四运动

发生于1919年的五四运动被认为是中国现代历史上许多重大事件的思想源头。其直接起因是第一次世界大战后强加于中国的不平等条款。强烈的爱国主义导致了这场由学生发起，进而发展到全国各主要城市各阶层响应的大罢课、大罢工、大罢市抗议运动。它同时引发各种新思潮进入中国，其中最为引人注目的是马列主义在中国的传播。

### 中华人民共和国成立

1949年10月1日，北京民众汇集天安门广场举行开国大典，时任中央人民政府主席的毛泽东庄严宣告：中华人民共和国正式成立。

### 中国共产党与毛泽东

1921年，毛泽东（1893—1976）等12人代表各地的共产主义小组在上海举行第一次全国代表大会，中国共产党诞生。今天，中国共产党有党员7300多万，是中国社会的中坚力量。毛泽东作为中国共产党和中华人民共和国的创建人之一，一生为中国革命和建设做出了卓越贡献。他是革命家、军事家，又是诗人、书法家。

### 抗日战争

1937年至1945年，中国人民奋起抵抗日本帝国主义的侵略，并取得了胜利，史称“抗日战争”。据不完全统计，战争期间，中国军民伤亡3500多万人；按1937年的比值折算，中国直接经济损失1000多亿美元，间接经济损失5000多亿美元，无数珍贵的文化遗存毁于炮火或遗失。

### 第一个五年计划

1953年至1957年实施的第一个国民经济五年计划取得巨大成就：国民收入年均增长率达8.9%以上；建立起一批国家工业化所必需而过去没有的基础工业，包括飞机和汽车制造业、重型和精密机器制造业、发电设备制造业、冶金和矿山设备制造业以及高级合金钢和有色金属冶炼等。自此，中国政府每五年确定一次经济目标，并实施一个新的五年计划。目前正在实施的是第十一个五年规划（2006—2010年）。

### 港澳回归，一国两制

1997年7月1日与1999年12月20日，香港和澳门分别回归祖国，并成立了香港特别行政区和澳门特别行政区。中央政府在香港和澳门实行“一国两制”，高度自治的方针。“一国两制”即为：在一个中国的前提下，国家的主体坚持社会主义制度；香港、澳门作为特别行政区保持原有的资本主义制度和生活方式50年不变。

### “文化大革命”

“文化大革命”（1966—1976年）是由毛泽东错误发动，被林彪、江青两个反革命集团利用，给国家和人民带来严重灾难的十年内乱，使中国经济到了崩溃的边沿。中国共产党相继粉碎林彪、江青两个反革命集团以后，邓小平拨乱反正，实行改革开放，将中国和中国人民带上了现代化的道路。

### 邓小平与改革开放

以1978年底的中共十一届三中全会为标志，中国进入了新的历史时期。时任中央领导人的邓小平（1904—1997）推行“改革开放”政策，把工作重点放到现代化建设上。通过改革经济体制、政治体制、文化体制和对外开放，逐步确立了一条具有中国特色的社会主义现代化建设道路。1992年，中国改革开放的总设计师邓小平发表了“南巡讲话”，对中国后来的经济改革与社会进步起到了关键的推动作用。

1989年江泽民任中共中央总书记，2002年胡锦涛任中共中央总书记。他们继承和发展邓小平倡导的改革开放国策，提出了“三个代表”重要思想和“科学发展观”，使国家经济突飞猛进，人民生活水平显著提高，为世人所瞩目。

# 行政区划与城市

行政区划

香港特别行政区

澳门特别行政区

台湾

城市化进程

# 行政区划

全国分为省、自治区、直辖市；

省、自治区分为自治州、县、自治县、市；

县、自治县分为乡、民族乡、镇。

直辖市和较大的市分为区、县。自治州分为县、自治县、市。

自治区、自治州、自治县都是民族自治地方。

国家在必要时得设立特别行政区。在特别行政区内实行的制度按照具体情况由全国人民代表大会以法律规定。

目前，全国共划分为23个省、5个自治区、4个直辖市、2个特别行政区。

中国行政区划图

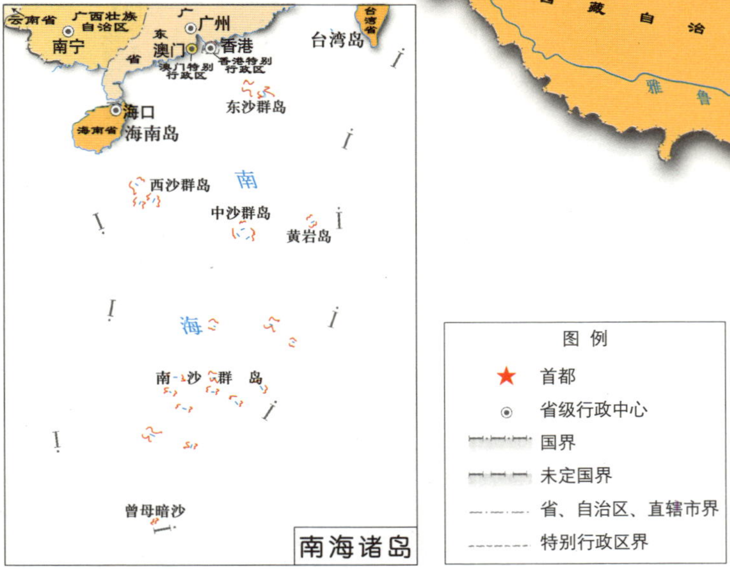

## 省、自治区、直辖市、特别行政区占国土面积比重

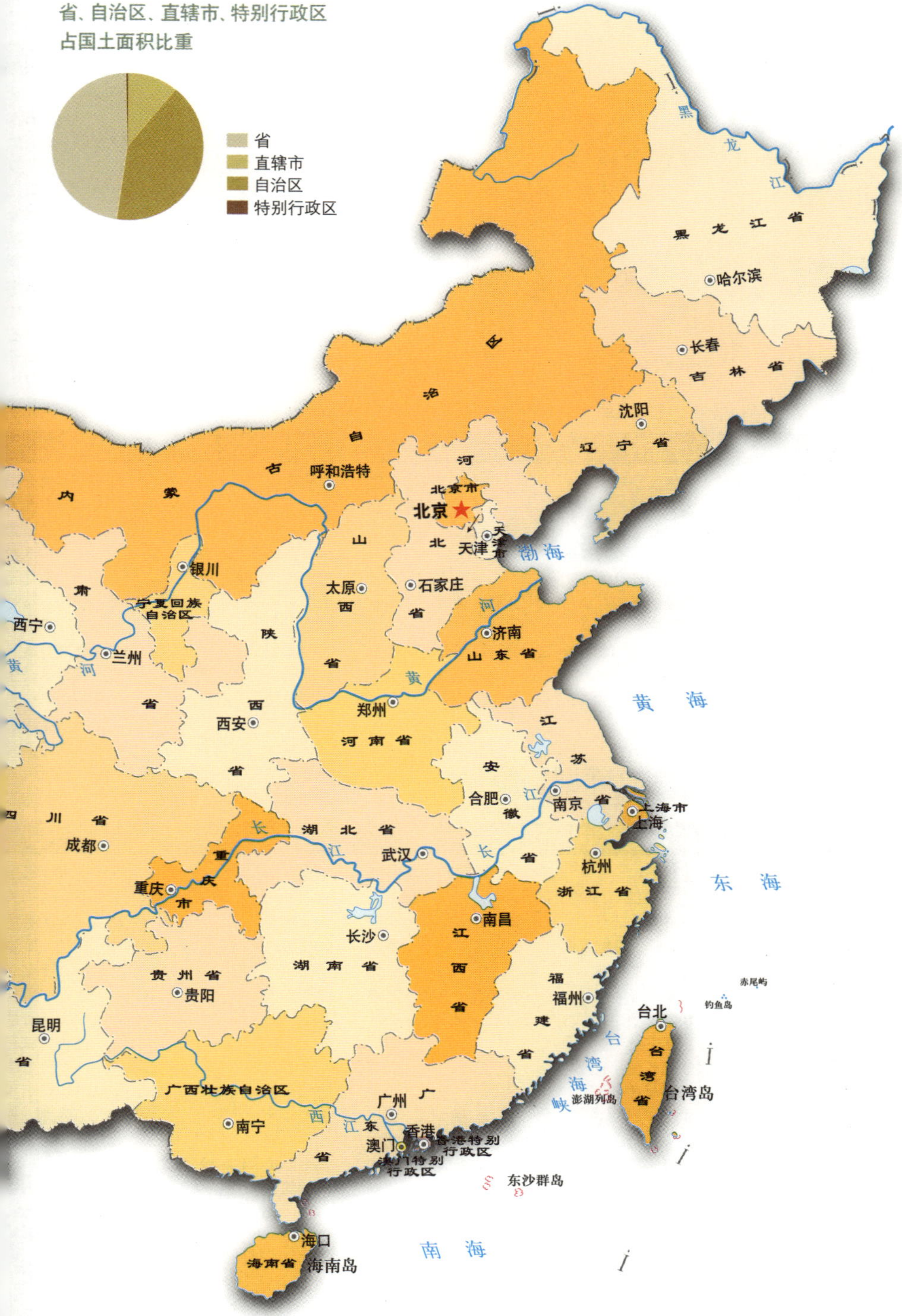

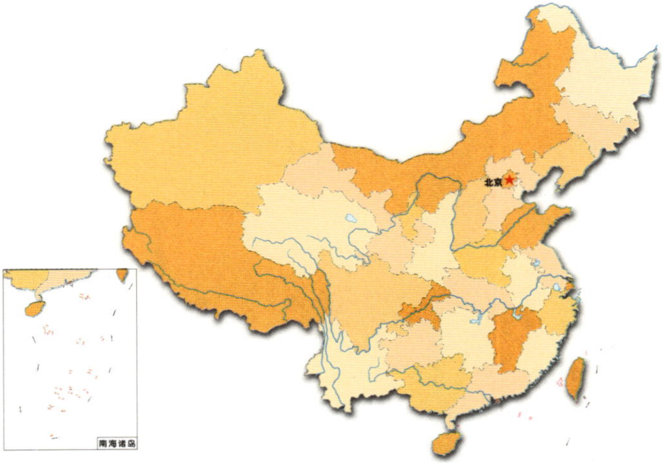


## 北京市

| | |
|---|---|
| 土地面积 | 16800 平方公里 |
| 人　　口 | 1633 万人 |
| 人口密度 | 972 人 / 平方公里 |
| 人口平均预期寿命 | 78.01 岁 |
| 地区生产总值 | 9066.20 亿元 |
| 主要农业 | 蔬菜、水果 |
| 耕地面积 | 343.9 千公顷 |
| 主要工业 | 通信电子设备 |
| 铁路长度 | 1121.5 公里 |
| 公路长度 | 20503 公里 |
| 主要矿产 | 煤、铁、石灰石 |
| 出口额 | 4892000 万美元 |
| 高等学校平均在校生数（每十万人口） | 6897 人 |
| 外国旅游者 | 382.61 万人次 |

## 天津市

| | |
|---|---|
| 土地面积 | 11300 平方公里 |
| 人　　口 | 1115 万人 |
| 人口密度 | 987.76 人 / 平方公里 |
| 人口平均预期寿命 | 76.63 岁 |
| 地区生产总值 | 5018.28 亿元 |
| 主要农业 | 小麦、玉米、水稻 |
| 耕地面积 | 485.6 千公顷 |
| 主要工业 | 石油产品、轻纺 |
| 铁路长度 | 744.7 公里 |
| 公路长度 | 11316 公里 |
| 主要矿产 | 锰硼石、锰、金 |
| 出口额 | 3815000 万美元 |
| 高等学校平均在校生数（每十万人口） | 4600 人 |
| 外国旅游者 | 95.2 万人次 |

## 上海市

| | |
|---|---|
| 土地面积 | 6340.5 平方公里 |
| 人　　口 | 1858 万人 |
| 人口密度 | 2930.37 人 / 平方公里 |
| 人口平均预期寿命 | 80.04 岁 |
| 地区生产总值 | 12001.16 亿元 |
| 主要农业 | 水稻，油菜、淡水鱼 |
| 耕地面积 | 315.1 千公顷 |
| 主要工业 | 门类齐全，是中国最大的综合性工业城市 |
| 铁路长度 | 310.3 公里 |
| 公路长度 | 10392 公里 |
| 主要矿产 | 海底油气资源 |
| 出口额 | 14389000 万美元 |
| 高等学校平均在校生数（每十万人口） | 4206 人 |
| 外国旅游者 | 442.61 万人次 |

## 重庆市

| | |
|---|---|
| 土地面积 | 82300 平方公里 |
| 人　　口 | 2816 万人 |
| 人口密度 | 342.16 人 / 平方公里 |
| 人口平均预期寿命 | 73.89 岁 |
| 地区生产总值 | 4111.82 亿元 |
| 主要农业 | 水稻、小麦、油菜、茶叶 |
| 耕地面积 | 1384 千公顷 |
| 主要工业 | 汽车、医药、食品 |
| 铁路长度 | 1261.9 公里 |
| 公路长度 | 100299 公里 |
| 主要矿产 | 锶、锰、钒 |
| 出口额 | 450800 万美元 |
| 高等学校平均在校生数（每十万人口） | 1906 人 |
| 外国旅游者 | 62.24 万人次 |

## 内蒙古自治区　首府　呼和浩特

| | |
|---|---|
| 土地面积 | 1197500 平方公里 |
| 人　　口 | 2405 万人 |
| 人口密度 | 20.08 人 / 平方公里 |
| 人口平均预期寿命 | 71.79 岁 |
| 地区生产总值 | 6018.81 亿元 |
| 主要农业 | 小麦、甜菜及畜牧业 |
| 耕地面积 | 8201 千公顷 |
| 主要工业 | 钢铁、采煤、冶金 |
| 铁路长度 | 6382.6 公里 |
| 公路长度 | 128762 公里 |
| 主要矿产 | 稀土、煤、银 |
| 出口额 | 294800 万美元 |
| 高等学校平均在校生数（每十万人口） | 1413 人 |
| 外国旅游者 | 147.43 万人次 |

## 广西壮族自治区　首府　南宁

| | |
|---|---|
| 土地面积 | 237700 平方公里 |
| 人　　口 | 4768 万人 |
| 人口密度 | 200.59 人 / 平方公里 |
| 人口平均预期寿命 | 73.75 岁 |
| 地区生产总值 | 5885.88 亿元 |
| 主要农业 | 糖料蔗、烤烟、木薯 |
| 耕地面积 | 4407.9 千公顷 |
| 主要工业 | 制糖 |
| 铁路长度 | 2735.2 公里 |
| 公路长度 | 90318 公里 |
| 主要矿产 | 铟、锰、锡矿 |
| 出口额 | 511300 万美元 |
| 高等学校平均在校生数（每十万人口） | 1228 人 |
| 外国旅游者 | 124.51 万人次 |

## 西藏自治区　首府　拉萨

| | |
|---|---|
| 土地面积 | 1274900 平方公里 |
| 人　　口 | 284 万人 |
| 人口密度 | 2.24 人 / 平方公里 |
| 人口平均预期寿命 | 66.15 岁 |
| 地区生产总值 | 342.19 亿元 |
| 主要农业 | 水稻、青稞 |
| 耕地面积 | 362.6 千公顷 |
| 主要工业 | 水泥、藏药 |
| 铁路长度 | 550 公里 |
| 公路长度 | 44813 公里 |
| 主要矿产 | 铜、铬 |
| 出口额 | 32600 万美元 |
| 高等学校平均在校生数（每十万人口） | 1014 人 |
| 外国旅游者 | 33.87 万人次 |

## 夏回族自治区 首府 银川

| | |
|---|---|
| 地面积 | 62800 平方公里 |
| 口 | 610.25 万人 |
| 口密度 | 97.17 人 / 平方公里 |
| 口平均预期寿命 | 71.84 岁 |
| 区生产总值 | 834.16 亿元 |
| 要农业 | 水稻、小麦 |
| 地面积 | 1268.8 千公顷 |
| 要工业 | 煤炭、电力 |
| 路长度 | 789 公里 |
| 路长度 | 19903 公里 |
| 要矿产 | 煤、硅石、石膏 |
| 口 额 | 108900 万美元 |
| 等学校平均在校生数（每十万人口） | 1511 人 |
| 国旅游者 | 0.78 万人次 |

## 新疆维吾尔自治区 首府 乌鲁木齐

| | |
|---|---|
| 土地面积 | 1655800 平方公里 |
| 人　口 | 2095.19 万人 |
| 人口密度 | 12.65 人 / 平方公里 |
| 平均寿命 | 69.14 岁 |
| 地区生产总值 | 3494.42 亿元 |
| 主要农业 | 小麦、棉花、胡麻、瓜果 |
| 耕地面积 | 3985.7 千公顷 |
| 主要工业 | 毛纺织业、石油化工 |
| 铁路长度 | 2760.8 公里 |
| 公路长度 | 143736 公里 |
| 主要矿产 | 煤炭、石油、天然气 |
| 出 口 额 | 1150300 万美元 |
| 高等学校平均在校生数（每十万人口） | 1416 人 |
| 外国旅游者 | 31.31 万人次 |

## 河北省 省会 石家庄

| | |
|---|---|
| 土地面积 | 187700 平方公里 |
| 人　口 | 6943.2 万人 |
| 人口密度 | 369.90 人 / 平方公里 |
| 人口平均预期寿命 | 74.57 岁 |
| 地区生产总值 | 13863.50 亿元 |
| 主要农业 | 小麦、玉米、豆类、水果 |
| 耕地面积 | 6883.3 千公顷 |
| 主要工业 | 钢铁、装备制造、石油化工 |
| 铁路长度 | 4818.2 公里 |
| 公路长度 | 143778 公里 |
| 主要矿产 | 储量居全国前 5 位的矿产有 34 种 |
| 出 口 额 | 1702000 万美元 |
| 高等学校平均在校生数（每十万人口） | 1630 人 |
| 外国旅游者 | 65.4 万人次 |

## 西省 省会 太原

| | |
|---|---|
| 地面积 | 156000 平方公里 |
| 口 | 3392.58 万人 |
| 口密度 | 217.47 人 / 平方公里 |
| 口平均预期寿命 | 73.57 岁 |
| 区生产总值 | 5696.20 亿元 |
| 要农业 | 小麦、玉米、棉花 |
| 地面积 | 4588.6 千公顷 |
| 要工业 | 煤炭、冶金 |
| 路长度 | 3110.4 公里 |
| 路长度 | 112930 公里 |
| 要自然资源 | 煤、铁、铝钒土 |
| 口 额 | 653296 万美元 |
| 等学校平均在校生数（每十万人口） | 1790 人 |
| 国旅游者 | 33.02 万人次 |

## 辽宁省 省会 沈阳

| | |
|---|---|
| 土地面积 | 145900 平方公里 |
| 人　口 | 4298 万人 |
| 人口密度 | 294.58 人 / 平方公里 |
| 人口平均预期寿命 | 75.36 岁 |
| 地区生产总值 | 11021.70 亿元 |
| 主要农业 | 水稻、小麦、玉米、大豆 |
| 耕地面积 | 8201 千公顷 |
| 主要工业 | 航空、汽车、钢铁、装备制造业 |
| 铁路长度 | 4196.3 公里 |
| 公路长度 | 97786 公里 |
| 主要矿产 | 铁、锰、石油、天然气 |
| 出 口 额 | 3532500 万美元 |
| 高等学校平均在校生数（每十万人口） | 2379 人 |
| 外国旅游者 | 137.25 万人次 |

## 吉林省 省会 长春

| | |
|---|---|
| 土地面积 | 187400 平方公里 |
| 人　口 | 2729.82 万人 |
| 人口密度 | 145.67 人 / 平方公里 |
| 人口平均预期寿命 | 75.04 岁 |
| 地区生产总值 | 5226.08 亿元 |
| 主要农业 | 水稻、大豆、玉米、马铃薯 |
| 耕地面积 | 5578.4 千公顷 |
| 主要工业 | 汽车与装备制造业 |
| 铁路长度 | 3555.4 公里 |
| 公路长度 | 84444 公里 |
| 主要矿产 | 油页岩、硅藻土 |
| 出 口 额 | 385800 万美元 |
| 高等学校平均在校生数（每十万人口） | 2359 人 |
| 外国旅游者 | 35.43 万人次 |

## 龙江省 省会 哈尔滨

| | |
|---|---|
| 地面积 | 460000 平方公里 |
| 口 | 3824 万人 |
| 口密度 | 83.13 人 / 平方公里 |
| 口平均预期寿命 | 74.66 岁 |
| 区生产总值 | 7077.20 亿元 |
| 要农业 | 小麦、大豆、甜菜 |
| 地面积 | 11773 千公顷 |
| 要工业 | 装备及机械制造、石化 |
| 路长度 | 5654.3 公里 |
| 路长度 | 139335 公里 |
| 要矿产 | 煤、石油、金 |
| 口 额 | 1227000 万美元 |
| 等学校平均在校生数（每十万人口） | 2090 人 |
| 国旅游者 | 99.48 万人次 |

## 江苏省 省会 南京

| | |
|---|---|
| 土地面积 | 102600 平方公里 |
| 人　口 | 7624.5 万人 |
| 人口密度 | 743 人 / 平方公里 |
| 人口平均预期寿命 | 76.23 岁 |
| 地区生产总值 | 25560.10 亿元 |
| 主要农业 | 水稻、油菜、桑蚕、淡水鱼 |
| 耕地面积 | 5061.7 千公顷 |
| 主要工业 | 机械电子、纺织、丝绸 |
| 铁路长度 | 1616.1 公里 |
| 公路长度 | 126972 公里 |
| 主要矿产 | 方解石、泥灰石 |
| 出 口 额 | 20373000 万美元 |
| 高等学校平均在校生数（每十万人口） | 2301 人 |
| 外国旅游者 | 314.88 万人次 |

## 浙江省 省会 杭州

| | |
|---|---|
| 土地面积 | 101800 平方公里 |
| 人　口 | 5060 万人 |
| 人口密度 | 497.05 人 / 平方公里 |
| 人口平均预期寿命 | 77.21 岁 |
| 地区生产总值 | 18638.40 亿元 |
| 主要农业 | 水稻、茶叶、桑蚕、水产品 |
| 耕地面积 | 2125.3 千公顷 |
| 主要工业 | 医药、化纤、丝绸 |
| 铁路长度 | 1278.5 公里 |
| 公路长度 | 95310 公里 |
| 主要矿产 | 石煤、明矾石 |
| 出 口 额 | 12830000 万美元 |
| 高等学校平均在校生数（每十万人口） | 2115 人 |
| 外国旅游者 | 281.37 万人次 |

## 安徽省 省会 合肥

| | |
|---|---|
| 土地面积 | 139600 平方公里 |
| 人　　口 | 6675.7 万人 |
| 人口密度 | 428.20 人／平方公里 |
| 人口平均预期寿命 | 73.59 岁 |
| 地区生产总值 | 7345.70 亿元 |
| 主要农业 | 水稻、小麦、棉花、茶叶 |
| 耕地面积 | 5971.7 千公顷 |
| 主要工业 | 煤炭、冶金、纺织、食品 |
| 铁路长度 | 2387 公里 |
| 公路长度 | 147611 公里 |
| 主要矿产 | 煤、铁、铜、硫 |
| 出 口 额 | 882000 万美元 |
| 高等学校平均在校生数（每十万人口） | 1351 人 |
| 外国旅游者 | 52.59 万人次 |

## 福建省 省会 福州

| | |
|---|---|
| 土地面积 | 121400 平方公里 |
| 人　　口 | 3581 万人 |
| 人口密度 | 294.98 人／平方公里 |
| 人口平均预期寿命 | 72.55 岁 |
| 地区生产总值 | 9160.14 亿元 |
| 主要农业 | 水果、花卉 |
| 耕地面积 | 1434.7 千公顷 |
| 主要工业 | 航运、水力发电 |
| 铁路长度 | 1612.8 公里 |
| 公路长度 | 86560 公里 |
| 主要矿产 | 石英砂 |
| 出 口 额 | 4994300 万美元 |
| 高等学校平均在校生数（每十万人口） | 1656 人 |
| 外国旅游者 | 78.97 万人次 |

## 江西省 省会 南昌

| | |
|---|---|
| 土地面积 | 166900 平方公里 |
| 人　　口 | 4368.41 万人 |
| 人口密度 | 261.74 人／平方公里 |
| 人口平均预期寿命 | 68.95 岁 |
| 地区生产总值 | 5469.30 亿元 |
| 主要农业 | 水稻、油料、淡水鱼 |
| 耕地面积 | 2993.4 千公顷 |
| 主要工业 | 机械、电子 |
| 铁路长度 | 2423.7 公里 |
| 公路长度 | 128236 公里 |
| 主要矿产 | 铜、钨、金、银 |
| 出 口 额 | 546000 万美元 |
| 高等学校平均在校生数（每十万人口） | 2105 人 |
| 外国旅游者 | 18.41 万人次 |

## 山东省 省会 济南

| | |
|---|---|
| 土地面积 | 156700 平方公里 |
| 人　　口 | 9367 万人 |
| 人口密度 | 597.77 人／平方公里 |
| 人口平均预期寿命 | 73.92 岁 |
| 地区生产总值 | 25887.70 亿元 |
| 主要农业 | 小麦、玉米、花生、水果 |
| 耕地面积 | 7689.3 千公顷 |
| 主要工业 | 能源、食品、化工、电力工业 |
| 铁路长度 | 3329.2 公里 |
| 公路长度 | 204910 公里 |
| 主要矿产 | 黄金、煤、石油 |
| 出 口 额 | 7524000 万美元 |
| 高等学校平均在校生数（每十万人口） | 1811 人 |
| 外国旅游者 | 156.04 万人次 |

## 河南省 省会 郑州

| | |
|---|---|
| 土地面积 | 167000 平方公里 |
| 人　　口 | 9869 万人 |
| 人口密度 | 590.96 人／平方公里 |
| 人口平均预期寿命 | 71.45 岁 |
| 地区生产总值 | 15058.07 亿元 |
| 主要农业 | 小麦、玉米、棉花 |
| 耕地面积 | 8110.3 千公顷 |
| 主要工业 | 食品、机械 |
| 铁路长度 | 4038.7 公里 |
| 公路长度 | 236351 公里 |
| 主要矿产 | 钼、蓝晶石 |
| 出 口 额 | 839100 万美元 |
| 高等学校平均在校生数（每十万人口） | 1131 人 |
| 外国旅游者 | 45.39 万人次 |

## 湖北省 省会 武汉

| | |
|---|---|
| 土地面积 | 185900 平方公里 |
| 人　　口 | 6070 万人 |
| 人口密度 | 326.52 人／平方公里 |
| 人口平均预期寿命 | 71.08 岁 |
| 地区生产总值 | 9150.01 亿元 |
| 主要农业 | 水稻、小麦、棉花、油料 |
| 耕地面积 | 4949.5 千公顷 |
| 主要工业 | 钢铁、机械 |
| 铁路长度 | 2527.0 公里 |
| 公路长度 | 181791 公里 |
| 主要矿产 | 磷、红金石、硅灰石 |
| 出 口 额 | 817400 万美元 |
| 高等学校平均在校生数（每十万人口） | 2542 人 |
| 外国旅游者 | 85.70 万人次 |

## 湖南省 省会 长沙

| | |
|---|---|
| 土地面积 | 211800 平方公里 |
| 人　　口 | 6805.70 万人 |
| 人口密度 | 321.33 人／平方公里 |
| 人口平均预期寿命 | 70.66 岁 |
| 地区生产总值 | 9145 亿元 |
| 主要农业 | 水稻、苎麻、烤烟 |
| 耕地面积 | 3953.0 千公顷 |
| 主要工业 | 冶金、机械 |
| 铁路长度 | 2905.6 公里 |
| 公路长度 | 171848 公里 |
| 主要矿产 | 钨、铋 |
| 出 口 额 | 652300 万美元 |
| 高等学校平均在校生数（每十万人口） | 1719 人 |
| 外国旅游者 | 73.11 万人次 |

## 广东省 省会 广州

| | |
|---|---|
| 土地面积 | 178000 平方公里 |
| 人　　口 | 9449 万人 |
| 人口密度 | 530.84 人／平方公里 |
| 人口平均预期寿命 | 73.27 岁 |
| 地区生产总值 | 30673.71 亿元 |
| 主要农业 | 水稻、甘蔗、花生、水果 |
| 耕地面积 | 3272.2 千公顷 |
| 主要工业 | 电子、家电 |
| 铁路长度 | 2167.9 公里 |
| 公路长度 | 178387 公里 |
| 主要矿产 | 高岭土、泥炭土 |
| 出 口 额 | 36924600 万美元 |
| 高等学校平均在校生数（每十万人口） | 1591 人 |
| 外国旅游者 | 534.65 万人次 |

## 海南省 省会 海口

| | |
|---|---|
| 土地面积 | 35000 平方公里 |
| 人　　口 | 845.03 万人 |
| 人口密度 | 241.44 人／平方公里 |
| 人口平均预期寿命 | 72.92 岁 |
| 地区生产总值 | 1229.60 亿元 |
| 主要农业 | 水稻、糖蔗、橡胶 |
| 耕地面积 | 762.1 千公顷 |
| 主要工业 | 轻工业、化工 |
| 铁路长度 | 224.1 公里 |
| 公路长度 | 17577 公里 |
| 主要矿产 | 玻璃用砂 |
| 出 口 额 | 183800 万美元 |
| 高等学校在校生数（每十万人口） | 1374 人 |
| 外国旅游者 | 46.57 万人次 |

## 四川省 省会 成都

| | |
|---|---|
| 土地面积 | 485000 平方公里 |
| 人　　口 | 8127 万人 |
| 人口密度 | 167.57 人／平方公里 |
| 人口平均预期寿命 | 71.20 岁 |
| 地区生产总值 | 10505.30 亿元 |
| 主要农业 | 水稻、棉花、油料、蚕丝 |
| 耕地面积 | 9169.1 千公顷 |
| 主要工业 | 冶金、化工、轻纺、食品 |
| 铁路长度 | 2986.0 公里 |
| 公路长度 | 182000 公里 |
| 主要矿产 | 钒、钛、钙 |
| 出 口 额 | 861000 万美元 |
| 高等学校平均在校生数（每十万人口） | 1414 人 |
| 外国旅游者 | 85.76 万人次 |

## 贵州省 省会 贵阳

| | |
|---|---|
| 土地面积 | 176100 平方公里 |
| 人　　口 | 3975.48 万人 |
| 人口密度 | 225.75 人／平方公里 |
| 人口平均预期寿命 | 65.63 岁 |
| 地区生产总值 | 2710.28 亿元 |
| 主要农业 | 水稻、烤烟、油桐 |
| 耕地面积 | 4903.5 千公顷 |
| 主要工业 | 水利、采矿 |
| 铁路长度 | 2013.6 公里 |
| 公路长度 | 113278 公里 |
| 主要矿产 | 汞、重晶石 |
| 出 口 额 | 146500 万美元 |
| 高等学校平均在校生数（每十万人口） | 910 人 |
| 外国旅游者 | 10.70 万人次 |

## 云南省 省会 昆明

| | |
|---|---|
| 土地面积 | 394000 平方公里 |
| 人　　口 | 4514 万人 |
| 人口密度 | 114.57 人／平方公里 |
| 人口平均预期寿命 | 65.49 岁 |
| 地区生产总值 | 4721.77 亿元 |
| 主要农业 | 水稻、玉米、花卉、烤烟 |
| 耕地面积 | 6421.6 千公顷 |
| 主要工业 | 轻工、食品、电力工业 |
| 铁路长度 | 2309.8 公里 |
| 公路长度 | 198496 公里 |
| 主要矿产 | 铜、锡 |
| 出 口 额 | 473600 万美元 |
| 高等学校平均在校生数（每十万人口） | 1042 人 |
| 外国旅游者 | 111.17 万人次 |

## 陕西省 省会 西安

| | |
|---|---|
| 土地面积 | 205600 平方公里 |
| 人　　口 | 3748 万人 |
| 人口密度 | 182.30 人／平方公里 |
| 人口平均预期寿命 | 70.07 岁 |
| 地区生产总值 | 5369.85 亿元 |
| 主要农业 | 水稻、小麦、豆类 |
| 耕地面积 | 5140.5 千公顷 |
| 主要工业 | 油气、煤炭 |
| 铁路长度 | 3184.9 公里 |
| 公路长度 | 113303 公里 |
| 主要矿产 | 煤、石油、天然气 |
| 出 口 额 | 467200 万美元 |
| 高等学校平均在校生数（每十万人口） | 2549 人 |
| 外国旅游者 | 83.16 万人次 |

## 甘肃省 省会 兰州

| | |
|---|---|
| 土地面积 | 454400 平方公里 |
| 人　　口 | 2617.16 万人 |
| 人口密度 | 57.60 人／平方公里 |
| 人口平均预期寿命 | 64.47 岁 |
| 地区生产总值 | 2699.20 亿元 |
| 主要农业 | 小麦、玉米、胡麻 |
| 耕地面积 | 5024.7 千公顷 |
| 主要工业 | 有色金属、石油化工 |
| 铁路长度 | 2435.4 公里 |
| 公路长度 | 95642 公里 |
| 主要矿产 | 煤、石油、天然气 |
| 出 口 额 | 165900 万美元 |
| 高等学校平均在校生数（每十万人口） | 1427 人 |
| 外国旅游者 | 18.46 万人次 |

## 青海省 省会 西宁

| | |
|---|---|
| 土地面积 | 721200 平方公里 |
| 人　　口 | 551.6 万人 |
| 人口密度 | 7.65 人／平方公里 |
| 人口平均预期寿命 | 66.03 岁 |
| 地区生产总值 | 760.96 亿元 |
| 主要农业 | 小麦、青稞、油菜 |
| 耕地面积 | 688.0 千公顷 |
| 主要工业 | 电力、原油、原盐 |
| 铁路长度 | 1652.4 公里 |
| 公路长度 | 47726 公里 |
| 主要矿产 | 钾、钠、镁、锂 |
| 出 口 额 | 38600 万美元 |
| 高等学校平均在校生数（每十万人口） | 935 人 |
| 外国旅游者 | 2.77 万人次 |

## 台湾省

| | |
|---|---|
| 土地面积 | 36006 平方公里 |
| 人　　口 | 2295 万人 |
| 人口密度 | 632.20 人／平方公里 |
| 人口平均预期寿命 | 男 74.05 岁，女 80.21 岁 |
| 本地生产总值 | 3745 亿美元 |
| 主要农业 | 稻米、蔗糖、茶、水果 |
| 耕地面积 | 67.8 千公顷 |
| 主要工业 | 纺织、电子、制糖 |
| 铁路长度 | 2502 公里 |
| 公路长度 | 37299 多公里 |
| 主要矿产 | 金、铜、石油、天然气 |
| 出 口 额 | 22400000 万美元 |
| 高等学校在校生数 | 234823 人 |
| 入台旅游者 | 352 万人次 |

## 香港特别行政区

| | |
|---|---|
| 土地面积 | 1104.00 平方公里 |
| 人　　口 | 692.17 万人 |
| 人口密度 | 6211.05 人／平方公里 |
| 人口平均预期寿命 | 男 79.5 岁，女 85.6 岁 |
| 本地生产总值 | 2897 亿美元 |
| 主要农业 | 蔬菜、花卉、水果 |
| 耕地面积 | 5.9 千公顷 |
| 主要工业 | 电子、纺织、制衣 |
| 铁路长度 | 200 公里 |
| 公路长度 | 2009 公里 |
| 主要矿产 | 铁、铝、锌、钨 |
| 出 口 额 | 31664500 万美元 |
| 高等学校在校生数 | 188300 人 |
| 入港旅游者 | 2800 万人次 |

## 澳门特别行政区

| | |
|---|---|
| 土地面积 | 28.6 平方公里 |
| 人　　口 | 53.14 万人 |
| 人口密度 | 17447.55 人／平方公里 |
| 人口平均预期寿命 | 男 77.6 岁，女 82.3 岁 |
| 本地生产总值 | 142.90 亿美元 |
| 主要农业 | 蔬菜、花卉 |
| 耕地面积 | 公顷 |
| 主要工业 | 玩具、服装 |
| 铁路长度 | 公里 |
| 公路长度 | 368 公里 |
| 主要矿产 | 花岗岩 |
| 出 口 额 | 29110000 万美元 |
| 高等学校在校生数 | 25907 人 |
| 入澳旅游者 | 2700 万人次 |

注：此表中的人口、人口密度、地区生产总值和出口额四项数据为 2007 年数据，其余为 2006 年数据。香港、澳门、台湾的数据均为 2007 年数据。所有数据来源于《2007 年中国国家统计年鉴》和中国国家统计局网站。

# 香港特别行政区

香港特别行政区位于珠江口东岸，城市面积 1104 平方公里。2007 年香港人口 6921700 人。1840 年鸦片战争后香港被英国侵占。根据 1984 年中英签署的关于香港问题的联合声明，中国于 1997 年 7 月 1 日对香港恢复行使主权；与此同时，香港特别行政区正式成立。中国政府在香港特别行政区实行“一国两制”、“港人治港”、高度自治的基本方针。“一国两制”是指在中国统一的国家内，内地实行社会主义制度，香港保持原有的资本主义制度与生活方式，50 年不变；“港人治港”是指由香港人自主管理香港，实行高度自治。特别行政区享有自主行政管理权、立法权、独立的司法权和终审权。香港特别行政区现任行政长官是曾荫权。区旗上是盛开的紫荆花图案。

香港的经济素以自由贸易、低税率和最少政府干预见称。它在全球贸易经济体系中排行第十一，最主要的贸易伙伴是中国内地。由伦敦金融城公司主持调查的全球金融中心指数（GFCI 指数，Global Financial Centre's Index）显示，中国香港全球金融中心指数排名第三，仅次于伦敦和纽约。

1997 年 6 月 30 日午夜至 7 月 1 日凌晨，中英两国政府在香港会议展览中心隆重举行香港政权交接仪式。

2007 年香港城市国民生产总值 2897 亿美元，人均 GDP 41614 美元。

# 澳门特别行政区

澳门特别行政区位于珠江口西岸，总面积28.6平方公里，居住人口为531400人。1840年鸦片战争后澳门被葡萄牙侵占。根据1987年中葡签署的关于澳门问题的联合声明，中国于1999年12月20日对澳门恢复行使主权；与此同时，澳门特别行政区正式成立。中国政府在澳门特别行政区实行“一国两制”、“澳人治澳”、高度自治的基本方针。“一国两制”是指在中国统一的国家内，内地实行社会主义制度，澳门保持原有的资本主义制度与生活方式，50年不变；“澳人治澳”是指由澳门人自主管理澳门，实行高度自治。特别行政区享有自主行政管理权、立法权、独立的司法权和终审权。澳门特别行政区现任行政长官是何厚铧。区旗上是盛开的莲花图案。

澳门是中国两个国际贸易自由港之一，货物、资金、外汇、人员进出自由。澳门素有东方蒙地卡罗之称，旅游业与博彩业是最重要的经济支柱。每年接待逾2000万旅客，2007年入境旅客达2700万人次，较2006年同期上升22.8%。

1999年12月19日午夜至20日凌晨，中葡两国政府在澳门文化中心隆重举行澳门政权交接仪式。

# 台湾

1993 年，两岸在新加坡举行了“汪辜会谈”。

台湾是中国领土不可分割的一部分，是中国的第一大岛。台湾位于中国东南沿海大陆架上，总面积为 36006 平方公里，总人口约为 2295 万人（截至 2007 年底）。

大量史书和文献都记载了中国先民早期开发台湾的历史情景。中国从十二世纪中叶开始在台湾建政。1894 年日本发动甲午战争，中国清政府于 1895 年 4 月被迫签订丧权辱国的《马关条约》，台湾和澎湖列岛沦为日本的殖民地。1937 年 7 月日本发动全面侵华战争，中国人民开始了全民族抗战。1945 年 8 月 15 日，日本战败，宣布无条件投降。中国人民取得抗日战争的胜利，台湾及澎湖列岛重归中国版图。1949 年，蒋介石政权在其发动的反人民的内战中失败而退据台湾，与祖国大陆对峙。1950 年朝鲜战争爆发，美国派第七舰队进入台湾海峡，公然干涉中国内政，阻挠中国人民解放台湾。1971 年第二十六届联大恢复了中华人民共和国在联合国的合法席位。1979 年 1 月 1 日中美建立正式外交关系，美国承认中华人民共和国政府是中国的唯一合法政府，承认只有一个中国，台湾是中国的一部分。但中美建交后不久，美国政府批准了所谓《与台湾关系法》，引起中国政府的强烈反对。美方逐步认识到中美关系的重要性，美国领导人多次重申坚持一个中国政策、遵守中美三个联合公报，不支持“台独”。

自 1979 年元旦全国人大常委会发表《告台湾同胞书》以来，中央政府坚决贯彻执行“和平统一、一国两制”的基本方针，积极推动海峡两岸人员往来和经济、文化等领域的交流与合作。1992 年，大陆海峡两岸关系协会与台湾海峡交流基金会达成了各自以口头方式表述“海峡两岸均坚持一个中国原则”的共识，1993 年举行了“汪辜会谈”，标志着两岸关系发展迈出历史性重要一步。

台北 101 大楼

但从上世纪九十年代中期开始，台湾当局领导人李登辉逐步滑向分裂道路。1999 年李登辉公然声称两岸是“特殊国与国”关系等，对两岸关系造成严重的破坏。2000 年主张“台独”的民进党人陈水扁上台执政后，加紧进行“台独”分裂活动。相继抛出“一边一国论”及所谓“台独时间表”，推动所谓“宪改”，谋求“台湾法理独立”和“以台湾名义加入联合国公投”。中国政府和人民针对“台独”分裂活动开展了坚决有力的斗争，“台独”分裂势力企图谋求“法理独立”的图谋遭致挫败。在 2008 年 1 月 12 日台湾地区民意代表选举和3月22日台湾地区领导人选举中，民进党及其推动的“以台湾名义加入联合国公投”均遭失败，表明搞“台独”是不得人心的。

中国共产党和中国政府一直把解决台湾问题、实现祖国完全统一，作为自己神圣的使命，并从国家和民族的根本利益出发，提出了“和平统一、一国两制”的基本方针。1995年1月30日，时任中共中央总书记、国家主席的江泽民发表了《为促进祖国统一大业的完成而继续奋斗》的重要讲话，提出了现阶段发展两岸关系、推进祖国和平统一进程的八项主张。2005年3月4日，中共中央总书记、国家主席胡锦涛提出了在新形势下发展两岸关系，争取和平统一的努力决不放弃，反对“台独”分裂活动决不妥协等四点意见。同年3月，十届全国人大三次会议以极高票数表决通过了《反分裂国家法》，将关于解决台湾问题的大政方针以法律形式固定下来，表明了全中国人民绝不允许“台独”分裂势力以任何名义和方式把台湾从中国分裂出去。四五月间，胡锦涛总书记在分别与来访的中国国民党主席连战、亲民党主席宋楚瑜进行正式会谈时，提出了构建和平稳定发展的两岸关系的重要主张。2006年4月，胡锦涛总书记与再次来访的连战会面时指出：“和平发展理应成为两岸关系发展的主题，成为两岸同胞共同为之奋斗的目标。”2008年3月4日，胡锦涛主席在阐述发展两岸关系时强调指出：要真诚为两岸同胞谋福祉，为台海地区谋和平。台湾任何政党，只要承认两岸同属一个中国，我们都愿意同他们交流对话、协商谈判。谈判的地位是平等的，议题是开放的，什么问题都可以谈。4月29日，胡锦涛总书记在会见连战时指出，两岸双方应当共同努力，建立互信、搁置争议、求同存异、共创双赢。5月28日下午，胡锦涛总书记在北京同中国国民党主席吴伯雄举行了会谈。胡锦涛强调，在国共两党和两岸同胞共同努力下，台湾局势发生了积极变化，两岸关系发展面临着难得的历史机遇。这一局面来之不易，值得倍加珍惜。希望国共两党和两岸双方共同努力，建立互信、搁置争议、求同存异、共创双赢，继续依循并切实落实“两岸和平发展共同愿景”，以富有成效的努力，扎扎实实推动两岸关系不断取得实际进展，增强广大台湾同胞对两岸关系和平发展的信心。

2007年4月19日，中国国民党荣誉主席连战及夫人在河南新郑市参加丁亥年黄帝故里拜祖大典。

### 贸易与人员往来

从1987年至今20多年来，在两岸同胞的共同努力下，两岸人员往来稳定增长，经贸文化等各项交流与合作日益深入。截至2007年底，两岸贸易总额已经达到7281.7亿美元，其中台湾贸易顺差4763.2亿美元；台商在大陆投资总数已达到75000多家，实际利用台资457亿美元；台湾居民来大陆累计超过4703万人次，大陆居民赴台超过163万人次。

上海浦东新区

# 城市化进程

2007年底，中国城市总数为655个，其中中央直辖市4个、地级市283个、县级市368个。如果将中央直辖市和地级市按城市市辖区总人口分组，人口在400万以上的有13个，200万到400万之间的有24个，100万到200万之间的有80个，50万至100万的有106个，20万到50万之间的有59个，20万以下的有5个。

专家预测，在二十一世纪，中国将会形成十大城市群，这些城市群的地理位置涵盖沿海地区、内陆腹地、内陆边境地区，它们将成为中国最有发展潜力的区域。其中，二十世纪末已经成为中国经济主导区域的京津冀、长三角、珠三角三大城市群，将在未来20年内继续引领中国经济发展的潮流。预计

城镇人口

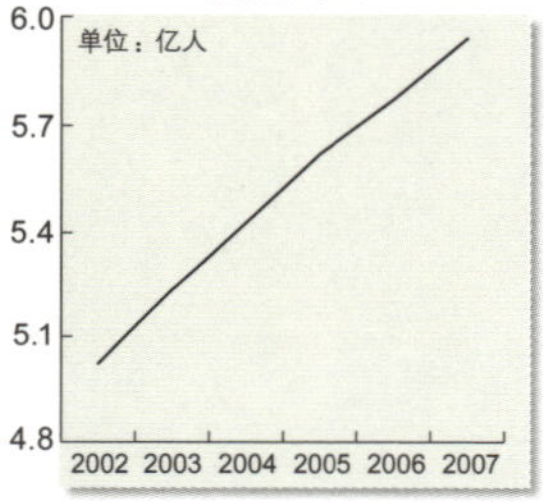

江苏苏州工业园区

到本世纪中叶，中国的城市化水平将达到 65%。

面对城市化进程过快的发展现状，中央政府正在通过具有战略性和空间约束力的区域规划，合理配置与协调人口、土地、环境与经济和社会的发展关系，力求有序地把握中国城市化的进程。在城市规划中，中国实行“严格控制大城市规模、合理发展中等城市、积极发展小城市”的方针。20 万至 50 万人口的中等城市和 20 万人口以下的小城市，在二十世纪八十年代后得到高速发展，100 万人口以上的大城市，则在其周围有计划、有重点地发展卫星城镇。

上海的老城隍庙

广东深圳市中心

# 人口与民族

人口现状

人口增长

民族

语言文字

传统节日

宗教

# 人口现状

中国是世界上人口最多的国家。2007 年底，中国总人口为 132129 万人（未包括香港特别行政区、澳门特别行政区和台湾省人口），约占世界人口的五分之一。

中国是世界上人口密度较高的国家之一，每平方公里的平均人口密度为 138 人。但分布不均衡：东部沿海地区人口密集，每平方公里超过 400 人；中部地区每平方公里 200 多人；西部高原地区人口稀少，每平方公里不足 10 人。

人口平均预期寿命：73.0 岁
人口出生率：12.10‰
人口死亡率：6.93‰
婴儿死亡率：15.3‰
注：未包括港澳台地区。

人口年龄构成(%)

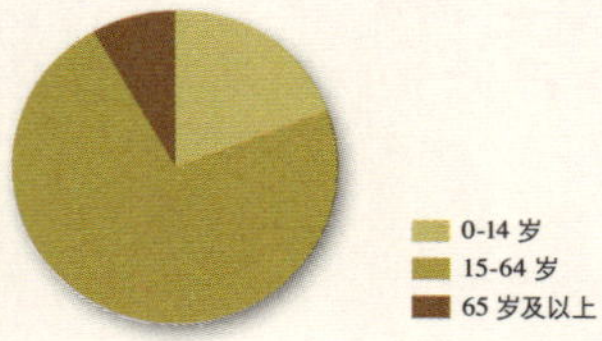


受教育程度

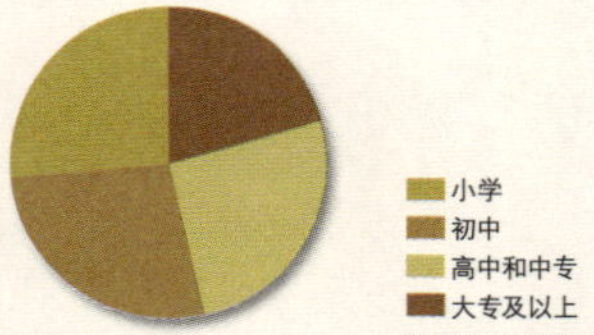


注：根据 2000 年第五次全国人口普查资料。

人口性别构成

单位：万人

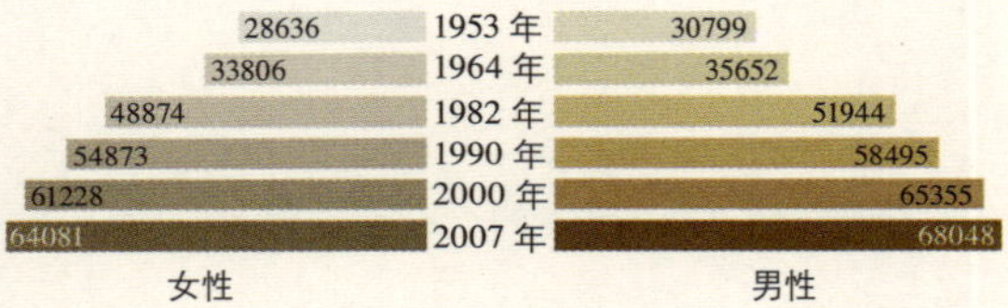


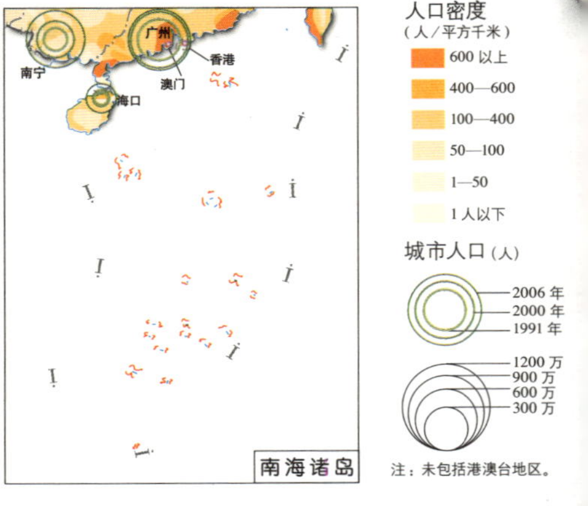


注：未包括港澳台地区。

## 人口分布密度示意图

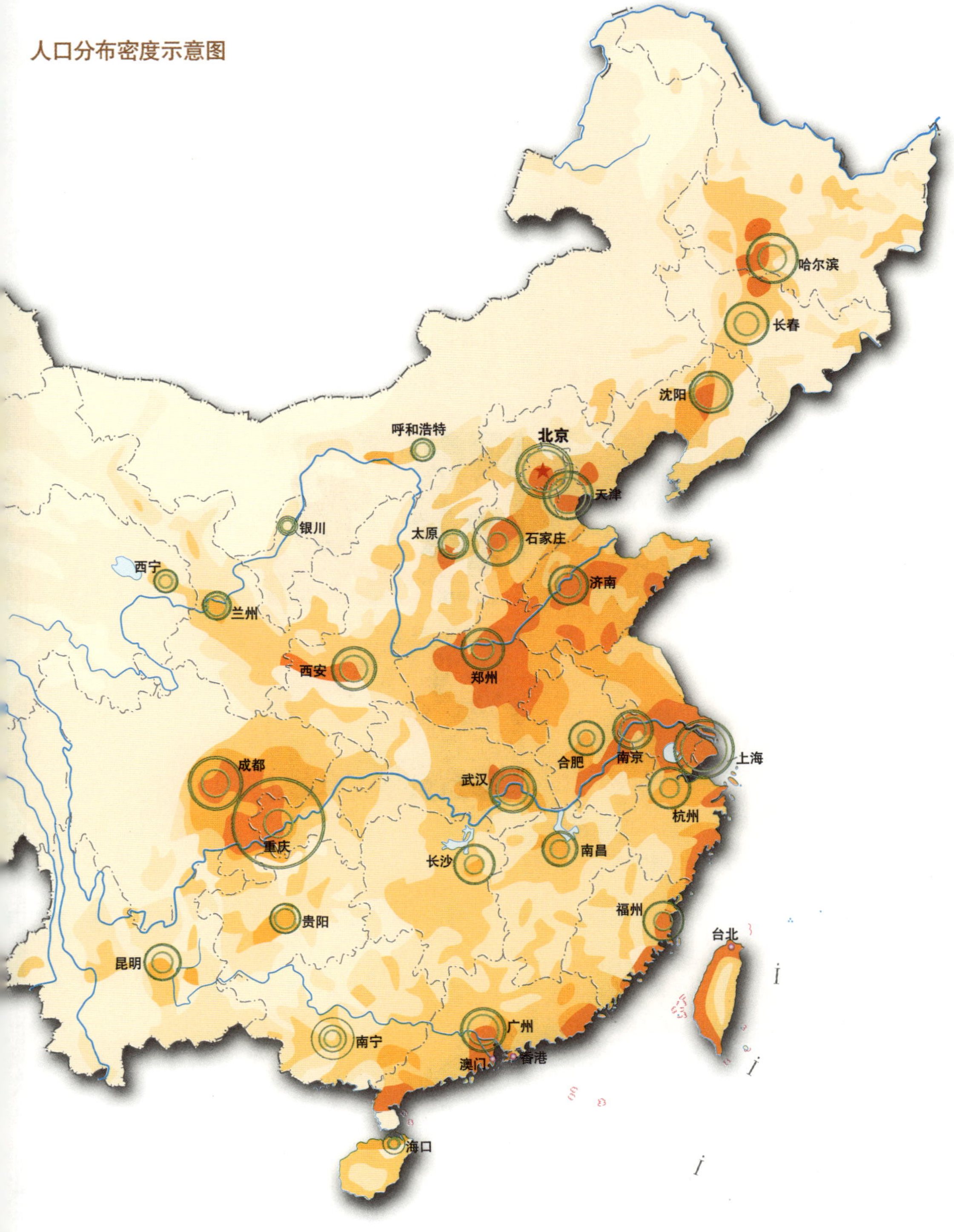
哈尔滨
长春
沈阳
呼和浩特
北京
天津
银川
太原
石家庄
西宁
兰州
济南
西安
郑州
上海
成都
合肥
南京
武汉
杭州
重庆
长沙
南昌
福州
贵阳
台北
昆明
广州
南宁
澳门
香港
海口

# 人口增长

1949 年中华人民共和国成立时，全国总人口为 54167 万人。由于社会安定、生产发展、医疗卫生条件改善，以及对控制人口增长的重要性认识不足和缺乏经验，致使人口迅速增长，到 1969 年已达 80671 万人。面对严重的人口问题，从二十世纪七十年代开始，中国实行计划生育，控制人口增长，使人口出生率逐渐下降，到 2007 年，已下降至 12.10‰。目前，中国已基本实现了低出生、低死亡、低增长的人口再生产类型的转变。

一对夫妇只要一个孩子

退休人员在公园开展文艺活动

## 计划生育

计划生育是中国的一项基本国策，采取国家指导与群众自愿结合的办法实行计划生育。中央和地方政府制定控制人口增长、提高人口素质、改善人口结构的政策法规和宏观人口发展计划，并为所有夫妇提供生殖保健、避孕节育、优生优育等方面的咨询、指导和技术服务。育龄夫妇根据个人年龄、健康、工作以及家庭经济状况，负责任地、有计划地安排怀孕和生育，并选择适宜的避孕节育方法。

中国现行计划生育政策的主要内容是：提倡晚婚晚育，少生优生；提倡一对夫妇生育一个孩子。在农村地区，确有困难的夫妇间隔几年以后可以生育第二个孩子；在少数民族地区，根据各个民族自己的意愿和该民族的人口、资源、经济、文化和习俗等具体情况有着不同的规定：一般可以生育两个孩子，有的地方可以生育三个孩子；对人口过少的少数民族则不限制生育子女的数量。

65岁以上人口

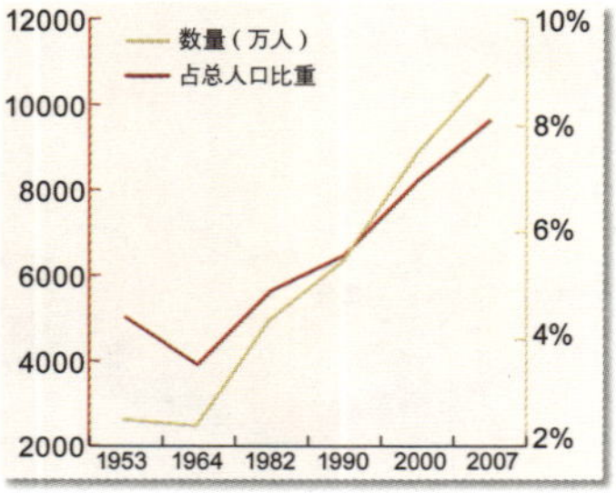


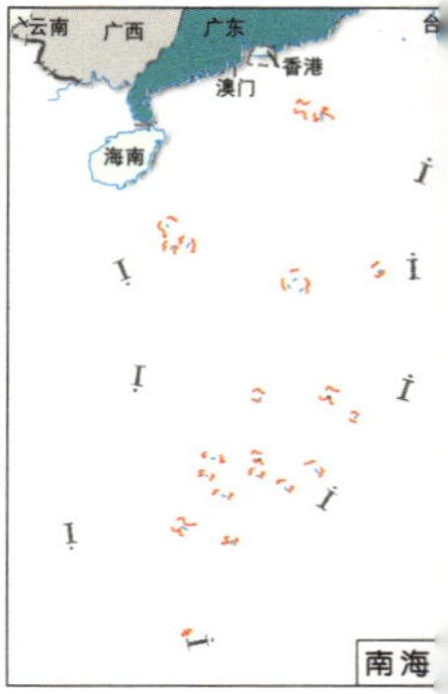


## 老龄化社会

专家分析，二十一世纪的中国将是一个老龄社会。预计到2025年，中国60岁以上人口将接近3亿。面对严峻的老龄化问题，中国各级政府采取了积极应对的态度，调动社会各方面的力量与资源，探索各种有效方式，为老年人提供尽可能好的生活和医疗保障，让他们能够幸福无忧地度过晚年。

按照 2006 年 3 月十届全国人大四次会议批准的《国民经济和社会发展第十一个五年规划纲要》的要求，在 2006 年至 2010 年期间，中国人口年平均自然增长率不超过 8‰，2010 年人口总量控制在 13.6 亿以内。

人口总量

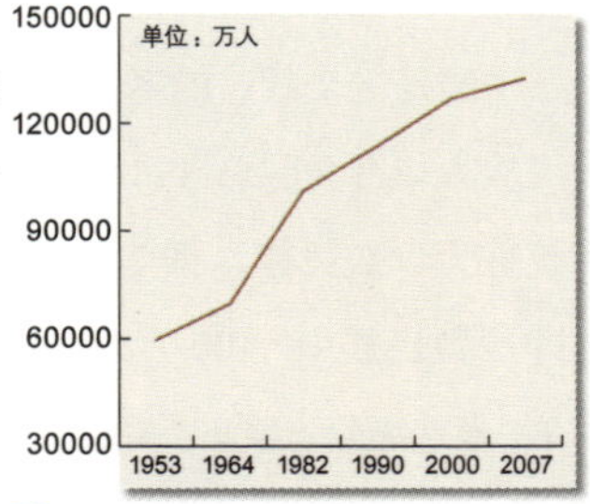


## 人口主要流入地区示意图

# 民族

中国是一个统一的多民族国家，由56个民族组成。由于汉族人口占全国总人口的91.6%，习惯上把其余55个民族统称为少数民族。据2000年第五次全国人口普查数据，55个少数民族中，100万人口以上的有壮、满、回、苗、维吾尔、彝、土家、蒙古、藏、布依、侗、瑶、朝鲜、白、哈尼、黎、哈萨克、傣18个民族，其中壮族人口最多，达1617.9万；10万至100万人口的有畲、傈僳、仡佬、拉祜、东乡、佤、水、纳西、羌、土、锡伯、仫佬、柯尔克孜、达斡尔、景颇、撒拉、毛南17个民族；不足1万至10万人口的有布朗、塔吉克、普米、阿昌、怒、鄂温克、京、基诺、德昂、乌孜别克、俄罗斯、裕固、保安、门巴、鄂伦春、独龙、塔塔尔、赫哲、高山（不含台湾省高山族人口）、珞巴20个民族，其中珞巴族人口最少，仅2965人。

维吾尔族

藏族

| 民族 | 人口 | 民族 | 人口 | 民族 | 人口 |
|---|---|---|---|---|---|
| 汉族 | 11.6亿 | 仡佬族 | 57.9万 | 京族 | 2.3万 |
| 蒙古族 | 581.4万 | 锡伯族 | 18.9万 | 塔塔尔族 | 0.5万 |
| 回族 | 981.7万 | 阿昌族 | 3.4万 | 独龙族 | 0.7万 |
| 藏族 | 541.6万 | 普米族 | 3.4万 | 鄂伦春族 | 0.8万 |
| 维吾尔族 | 839.9万 | 塔吉克族 | 4.1万 | 赫哲族 | 0.5万 |
| 苗族 | 894.0万 | 怒族 | 2.9万 | 门巴族 | 0.9万 |
| 彝族 | 776.2万 | 乌孜别克族 | 1.2万 | 珞巴族 | 2965人 |
| 壮族 | 1617.9万 | 俄罗斯族 | 1.6万 | 基诺族 | 2.1万 |
| 布依族 | 297.1万 | 鄂温克族 | 3.1万 | 柯尔克孜族 | 16.1万 |
| 朝鲜族 | 192.4万 | 德昂族 | 1.8万 | 土族 | 24.1万 |
| 满族 | 1068.2万 | 保安族 | 1.7万 | 达斡尔族 | 13.2万 |
| 侗族 | 296.00万 | 裕固族 | 1.4万 | 仫佬族 | 20.7万 |
| 瑶族 | 263.7万 | 纳西族 | 30.9万 | 羌族 | 30.6万 |
| 白族 | 185.8万 | 景颇族 | 13.2万 | 布朗族 | 9.2万 |
| 土家族 | 802.8万 | 佤族 | 39.7万 | 撒拉族 | 10.5万 |
| 哈尼族 | 144.0万 | 畲族 | 71.0万 | 毛南族 | 10.7万 |
| 哈萨克族 | 125.0万 | 高山族 | 0.4万 | 傈僳族 | 63.5万 |
| 傣族 | 115.9万 | 拉祜族 | 45万 | 东乡族 | 51.4万 |
| 黎族 | 124.8万 | 水族 | 40.7万 | | |

根据2000年第五次全国人口普查

## 民族分布示意图

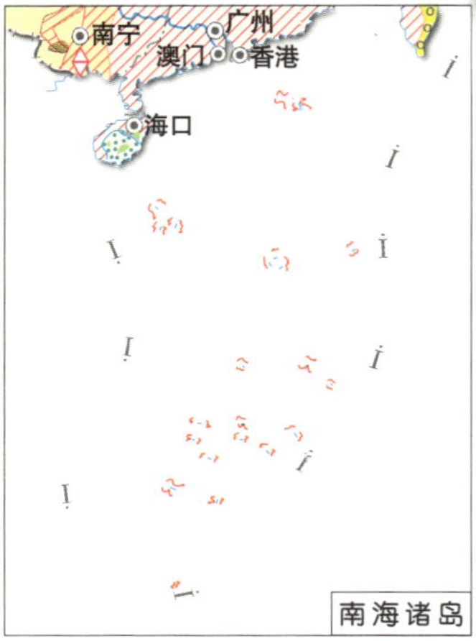

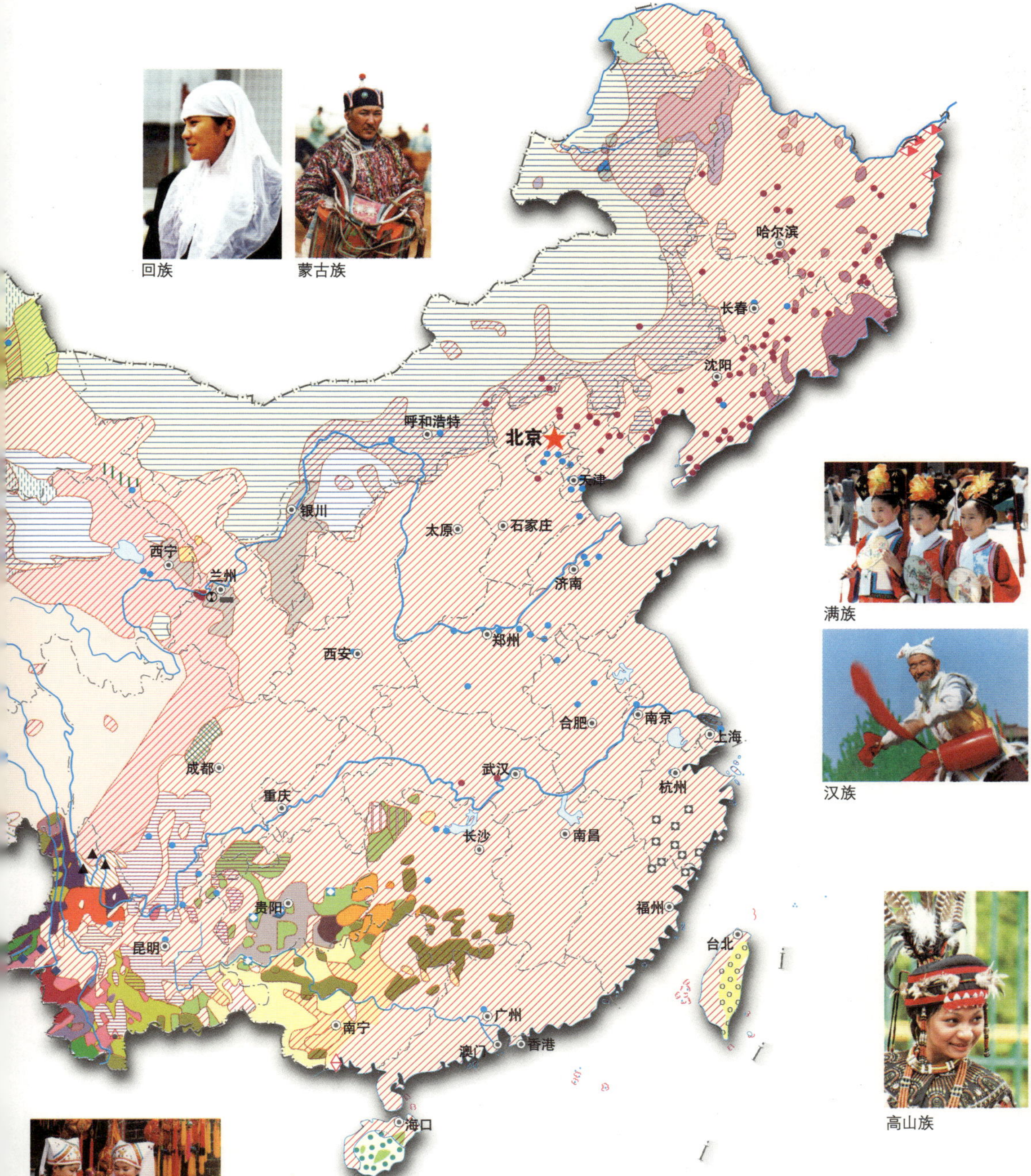

回族
蒙古族
满族
汉族
高山族

壮族

# 语言文字

汉语是中国的通用语言，汉字是中国的通用文字。少数民族中除了回、满两个民族通用汉语外，其他 53 个民族都使用本民族的语言。其中有文字的民族有 22 个，共使用 28 种文字。现在，在以招收少数民族学生为主的学校，都各自采用本民族文字的课本，使用本民族的语言授课，同时设置汉语文课程，推广全国通用的普通话和规范汉字。

汉字是中国人发明的表意文字书写系统，也是世界上最古老、并唯一流传至今的表意文字，其源可追溯到 4000 年以上。

汉字可分为简体与繁体两个系统。前者用于中国大陆地区、马来西亚与新加坡，以及东南亚华人社区；后者主要用于中国香港、澳门和台湾地区，以及北美的华人圈中。近年来，随着世界上更多的人将汉语作为第二语言来学习，简体汉字的使用范围正在不断地扩大。

1994 年出版的《中华字海》，收入了 85000 多个汉字。国家在 1988 年公布的《现代汉语用字表》中，选收了 2500 个常用字、1000 个次常用字，总共 3500 个字。

仅存的纳西族东巴文古籍

### 唯一活着的象形文字——东巴文

东巴文是纳西族的古文字，已有1000多年历史。它最早是写画在木头和石头上的符号图象，后来把这些符号图象写在纸上成为文字。由于东巴(祭司)掌握这种文字，故称东巴文。东巴文大约有1400个单字，至今仍为纳西族东巴使用，它被认为是目前世界上唯一仍然活着的象形文字，是研究人类社会、文字起源和发展的“活化石”。

### 中国公历节日

新年(1月1日)，国际劳动妇女节(3月8日)，植树节(3月12日)，国际劳动节(5月1日)，中国青年节(5月4日)，国际儿童节(6月1日)，中国人民解放军建军节(8月1日)，教师节(9月10日)，国庆节(10月1日)。

# 传统节日

中国有许多传统节日，主要有春节、元宵节、清明节、端午节、中秋节等。此外，各少数民族也都保留着自己的传统节日，如回族的开斋节、维吾尔族的古尔邦节、傣族的泼水节、蒙古族的那达慕大会、彝族的火把节、瑶族的达努节、白族的三月街、壮族的歌圩、藏族的藏历年和望果节、苗族的跳花节等等。

## 春节

中国历史上一直沿用农历，春节为农历正月初一，新一年的起点。1911年辛亥革命后，中国采用公历纪年，农历新年改称“春节”，大约在公历1月下旬到2月中旬之间。春节前一夜叫“除夕”，为家庭团聚的重要时刻；许多人通宵不眠，称“守岁”。春节期间，传统的文娱活动以狮子舞、龙灯舞、划旱船、踩高跷最为普遍。

春节

## 元宵节

农历正月十五为元宵节，亦称“灯节”，此为春节后的第一个月圆之夜。过元宵节，有吃元宵和观灯的习俗。元宵以糯米粉为皮，内裹果料糖馅，圆形，是“团圆”的象征。元宵节观灯始于公元一世纪，至今仍在各地盛行。

元宵节

## 清明节

公历4月5日前后为清明节。这是祭祀祖先的节日，人们为先人扫墓祭奠，也祭扫烈士陵墓，悼念先烈。清明时分，草木复萌，人们常常结伴到郊外踏青、放风筝，所以清明节有时也称为“踏青节”。

清明节

## 端午节

农历五月初五是端午节。这时天气开始转热，虫害频发，端午节是为了驱虫祛病。还有一种说法，端午节是为纪念古代爱国诗人屈原而产生的。屈原（约公元前340—前278年）为战国时期楚国人，因其政治理想无法实现，又无力挽救楚国的灭亡，于五月初五抱石投汨罗江自尽。此后，每年五月初五，人们都在江河上划龙舟，还用竹筒装米投入江河，以示对屈原的悼念。直到今日，民间仍保留着端午节吃粽子（用竹叶或苇叶包裹糯米做成）和举行龙舟竞渡活动的习俗。

端午节

## 中秋节

农历八月十五为中秋节。八月十五居秋季之中，故名“中秋”。在古代，每逢中秋，民间就以精制的圆如满月的糕饼祭奉月神；祭奉之后，全家人分吃，表示合家团圆欢聚。此种风俗，一直流传到今天。

中秋节

福

新春祝福

# 宗教

中国是一个多种宗教并存的国家，信众超过一亿，现有宗教活动场所约10万处，教职人员约30万人，宗教团体3000多个。这些宗教团体办有培养教职人员的宗教院校76所。佛教、伊斯兰教、天主教和基督教在中国都有传播。此外，还有中国固有的宗教——道教，以及萨满教、东正教、东巴教等。

中国奉行信仰自由的宗教政策。在中国，一切正常的宗教活动，如拜佛、诵经、祈祷、讲经（道）、弥撒、受洗、受戒、封斋、过宗教节日等，都由宗教教职人员和教徒自理，受法律保护。各个宗教的经典书籍均由各宗教团体负责出版、发行，各宗教都办有全国性期刊，并在海内外发行。

江苏无锡灵山大佛的开光大法会

山东崂山的太清宫是一座道教宫观

## 五大宗教

**佛教**大约在公元一世纪前后传入中国，公元四世纪后开始广为流传，逐渐成为中国影响最大的宗教。藏传佛教属于中国佛教的一支，主要流传于西藏和内蒙古等地。全国现有佛教寺庙 1.3 万余座。

**道教**形成于公元二世纪，奉春秋时期的道家老子为教祖，以其《道德经》为主要经典。全国现有道教宫观 1500 多座。

**伊斯兰教**约在七世纪中叶传入中国，至元代，伊斯兰教兴盛起来。全国现有清真寺 3 万余座。

**天主教**自公元七世纪起逐渐传入中国，全国现有天主教堂、会所 4600 余座。

**基督教（新教）**于十九世纪初传入中国，全国现有基督教堂 1.2 万余座、简易活动场所（聚会点）3 万余处。

宁夏银川的清真寺

北京的天主教堂

基督教徒正在接受"洗礼"

# 政治制度与国家机构

宪法

政治制度

全国人民代表大会

国家主席

国务院

中央军事委员会

地方各级人民代表大会和地方各级人民政府

人民法院

人民检察院

中国人民政治协商会议

政党与社会团体

人民军队

# 宪法

1949年中华人民共和国成立后，曾先后制定过四部宪法：1954年宪法、1975年宪法、1978年宪法和1982年颁布的现行宪法。现行宪法共138条，曾先后进行过四次修正，最后一次在2004年。宪法规定：公民在法律面前一律平等；国家尊重和保障人权。宪法保障每一个公民的基本权利，包括选举权和被选举权；言论、出版、集会、结社、游行、示威的自由；宗教信仰自由；人身自由、人格尊严、住宅和合法的私有财产不受侵犯；通信自由和通信秘密受法律保护；对任何国家机关和国家工作人员提出批评、建议和实行监督的权利；劳动、休息和在年老、疾病或者丧失劳动能力的情况下从国家和社会获得物质帮助的权利；受教育的权利和进行科学研究、文学艺术创作以及其他文化活动的自由等等。

### 现行宪法的四次修正

1988年的宪法修正案规定，国家允许私营经济在法律规定的范围内存在和发展；土地的使用权可以依照法律的规定转让。1993年的宪法修正案规定，国家实行社会主义市场经济；中国共产党领导的多党合作和政治协商制度长期存在和发展。1999年的宪法修正案规定，国家实行依法治国，国家坚持公有制为主体、多种所有制经济共同发展的基本经济制度。2004年的宪法修正案规定，公民的合法的私有财产不受侵犯，国家依照法律规定保护公民的私有财产和继承权；国家尊重和保障人权。

### 法律体系

中国的法律体系由宪法及宪法相关法、民法商法、行政法、经济法、社会法、刑法、诉讼与非诉讼程序法七个法律门类构成。到2007年底，全国人大及其常务委员会制定的法律和有关法律问题的决定有500多件，国务院制定的行政法规1000余件，地方人大制定的地方性法规上万件。它们覆盖了政治、经济、社会等各个领域，一个较为完整的法律体系在中国已经基本形成。

# 政治制度

中国政治制度的基本结构，是在中国共产党的统一领导下，实行人民代表大会制度、多党合作和政治协商制度和民族区域自治制度。

北京人民大会堂

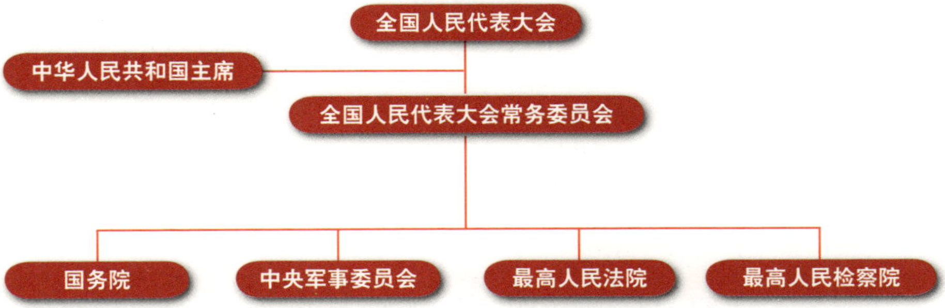


## 人民代表大会制度

在中国，公民行使国家权力的机关是全国人民代表大会和地方各级人民代表大会。所以，人民代表大会制度成为中国的根本政治制度。它的基本特点是：实行民主集中制的原则，既保证人民享受广泛的民主和权利，又保证行使国家权力的集中和统一；在人民代表大会统一行使国家权力的前提下，明确划分国家的行政权、审判权、检察权和武装力量的领导权，使国家权力机关和行政、审判、检察等其他国家机关能够协调一致地工作。

出席全国人大的少数民族代表在投票

各级人民代表大会的代表通过选举产生，代表中有各界、各地区、各民族、各阶级和阶层的代表人物。人民代表大会举行会议之际，代表能够充分发表意见，也可向本级政府及其所属工作部门提出质询案，受质询的机关必须负责答复。选民或原选举单位有权依照法律规定的程序，罢免自己选出的代表。

## 多党合作和政治协商制度

中国是一个多党派的国家，在国家采取重大措施或者决定关系国计民生的重大问题时，作为执政党的中国共产党都事先与各党派和无党派人士进行协商，反复征求意见，然后再形成决策。这就是通常所说的中国共产党领导的多党合作和政治协商制度，也是中国的一项基本政治制度。

多党合作和政治协商所采取的形式主要有两种：一是中国人民政治协商会议；二是中国共产党召开的民主党派和无党派人士协商会、座谈会。中国人民政治协商会议全国委员会由中国共产党、各民主党派、无党派人士、人民团体、各少数民族和各界的代表，以及特别邀请的人士组成，每届任期五年。委员们在出席每年举行一次的全体会议时，还列席全国人民代表大会会议，履行政治协商、民主监督、参政议政的职能。由中共中央领导人邀请各民主党派领导人和无党派人士代表参加的协商会，一般每年举行一次；座谈会大体每两个月举行一次。协商会主要对国家的大政方针进行民主协商，而座谈会主要是通报或交流情况，听取政策性建议或讨论某些专题。

## 民族区域自治制度

中国实行民族区域自治制度，即在国家统一领导下，以少数民族聚居的地区为基础，建立相应的自治机关，行使自治权，由少数民族自己当家作主，管理本民族内部地方事务。中央政府在财力和物力上给予民族自治地方积极支援，以促进当地经济文化的发展。1984年六届全国人大二次会议通过的《民族区域自治法》，是具体保障民族区域自治制度实施的基本法律。现在，全国已建立了5个自治区、30个自治州、120个自治县(旗)。此外，还建有1100多个民族乡。民族自治地方的自治机关为自治区、自治州、自治县(旗)的人民代表大会和人民政府。各自治区、自治州、自治县(旗)的人大常委会主任或副主任，以及自治区主席、自治州州长、自治县县长，都由实行区域自治的民族的公民担任。

民族自治地方的自治机关除行使同级地方国家机关的职权外，还享有广泛的自治权利，包括：依照当地民族的政治、经济和文化特点，制定自治条例和单行条例；自主地安排使用属于民族自治地方的财政收入；自主地安排和管理地方性的经济建设事业，自主地管理本地方的教育、科学、文化、卫生、体育事业，保护和整理民族的文化遗产，发展和繁荣民族文化。

# 全国人民代表大会

全国人民代表大会是最高国家权力机关，由各省、自治区、直辖市、特别行政区和军队选出的代表组成。它行使国家立法权，决定国家政治生活中的重大问题。主要职权是：修改和制定法律；审查和批准国民经济和社会发展规划、国家预算，以及它们执行情况的报告；决定战争和和平问题；选举、决定包括全国人民代表大会常务委员会委员长、国家主席、国务院总理、中央军事委员会主席在内的最高国家机关领导人员，并有权罢免上述人员。

全国人民代表大会每届任期五年，现在是第十一届。**现任全国人大常委会委员长是吴邦国。**

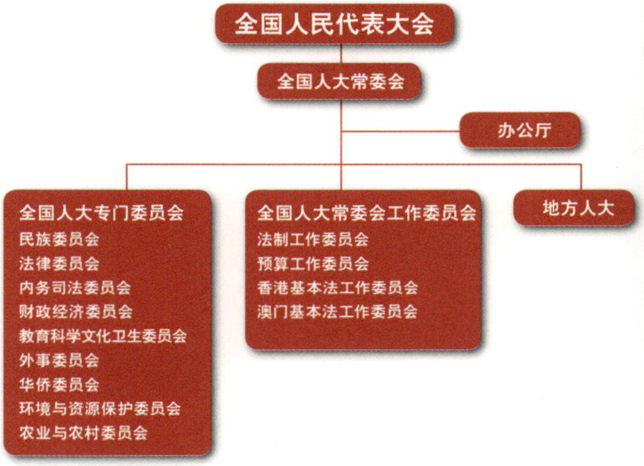

2008年3月5日，中华人民共和国第十一届全国人民代表大会第一次会议在北京召开。

# 国家主席

中华人民共和国主席与全国人民代表大会常务委员会结合，行使国家元首的职权。国家主席根据全国人民代表大会或者它的常务委员会的决定，公布法律，任免国务院组成人员，发布命令；代表国家进行国事活动，接受外国使节，派遣和召回驻外全权代表，批准和废除同外国缔结的条约和重要协定。

**现任国家主席是胡锦涛。**

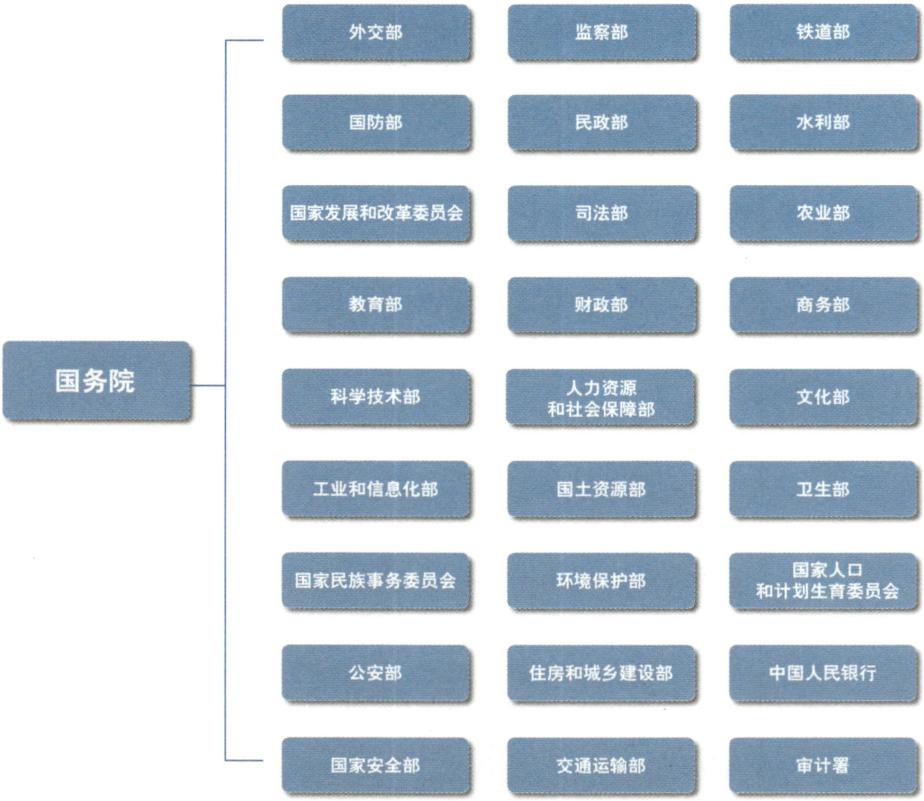

# 国务院

国务院，即中央人民政府，是最高国家权力机关的执行机关，最高国家行政机关，对全国人民代表大会及其常务委员会负责并报告工作。国务院有权在它的职权范围内规定行政措施，制定行政法规，发布决定和命令。国务院由总理、副总理、国务委员、秘书长和各部部长、各委员会主任、中国人民银行行长、审计署审计长组成。**现任国务院总理是温家宝。**

# 中央军事委员会

中央军事委员会是国家的军事领导机关，统率全国的武装力量。中国的武装力量由中国人民解放军、中国人民武装警察部队和民兵组成。人民解放军是国家的常备军；武装警察部队担负国家赋予的安全保卫任务，维护社会秩序；民兵是不脱离生产的群众武装。中央军事委员会由主席、副主席和委员组成。**现任中央军委主席是胡锦涛。**

# 地方各级人民代表大会和地方各级人民政府

国家以现行行政区划为单位，分别设立省（自治区、直辖市）、县（市）、乡（镇）各级人民代表大会（县级以上的人民代表大会设有常务委员会）和人民政府。

地方各级人民代表大会都是地方国家权力机关，享有决定本行政区域内各种重大事情的权力。省、自治区、直辖市一级人民代表大会有权制定地方性法规。地方各级人民政府是地方各级国家行政机关，对本级人民代表大会和它的常务委员会以及上一级国家行政机关负责并报告工作，受国务院统一领导，管理本行政区域内的各项行政工作。

## 人民法院

人民法院是国家的审判机关。国家设立最高人民法院，各省、自治区、直辖市设有高级人民法院，以下为中级人民法院和基层人民法院。最高人民法院是中国的最高审判机关，对全国人民代表大会和它的常务委员会负责，并监督地方各级人民法院和军事法院等专门人民法院的审判工作。**最高人民法院现任院长是王胜俊。**

## 人民检察院

人民检察院是国家的法律监督机关。它的设置同人民法院相对应。人民检察院是通过行使检察权来完成自己的任务的。它对于危害国家安全案、危害公共安全案、破坏经济秩序案、侵犯公民人身权利民主权利案和其他重大犯罪案件，行使检察权；对于公安机关侦查的案件进行审查，决定是否逮捕、起诉或者免于起诉；对于刑事案件提起公诉、支持公诉；对于公安机关、人民法院和监狱、看守所、劳动改造机关的活动是否合法，实行监督。**最高人民检察院现任检察长是曹建明。**

### 人大、政协和国务院三者之间的关系

人大通过选举、投票、表决行使权力，人民政协在选举、投票之前进行充分协商，这是中国社会主义民主的两种最重要的形式。人民政协与人大、政府三者的关系是：政协在决策前协商，人大在协商后表决作决策，国务院在决策后执行，三者统一在中国共产党的领导下，分工协作，各司其职，互为补充，相辅相成。这是适合中国国情、具有中国特色的政治体制。

# 中国人民政治协商会议

中国人民政治协商会议是中国人民爱国统一战线的组织，是中国共产党领导的多党合作和政治协商的重要机构，是中国政治生活中发扬社会主义民主的重要形式。

中国政协的主要职能是政治协商、民主监督、参政议政。

中国人民政治协商会议设全国委员会和地方委员会。

## 全国委员会

政协全国委员会由中国共产党、各民主党派、无党派人士、人民团体、各少数民族和各界的代表，香港特别行政区同胞、澳门特别行政区同胞、台湾同胞和归国侨胞的代表以及特别邀请的人士组成。

政协全国委员会每届任期五年，现在是第十一届。**现任全国政协主席是贾庆林。**

## 地方委员会

中国各省、自治区、直辖市，自治州、设区的市，县、自治县、不设区的市和市辖区，凡有条件的地方都设立了政协组织。

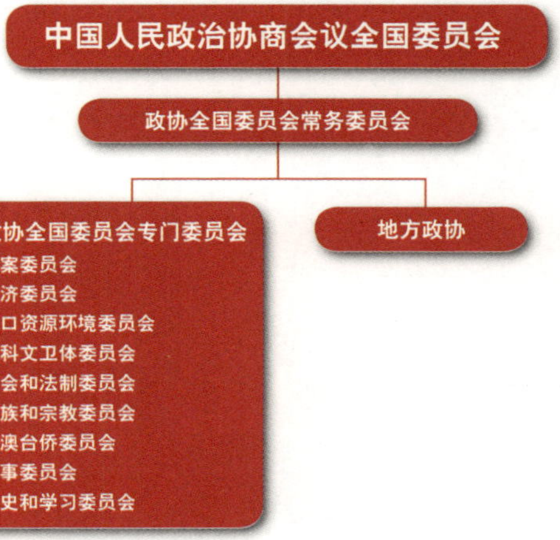

# 政党与社会团体

## 中国共产党

中国共产党成立于1921年7月，现有党员7336万名。

1921年到1949年，中国共产党领导中国人民进行了艰苦卓绝的斗争，战胜了日本入侵者，结束了战乱，建立了中华人民共和国。建国以后，开展了有计划的、大规模的经济建设。由于经验不足，中国共产党曾在管理国家的过程中有过一些错误，1966年至1976年又发生了“文化大革命”这样全局性的、长时间的严重错误。

1976年10月，“文化大革命”结束，中国进入新的历史发展时期。经过1978年底召开的中国共产党十一届三中全会，实现了新中国成立以来具有深远意义的伟大转折。从1979年起，国家的国民经济和社会发展取得了举世瞩目的成就。

中南海新华门

中国共产党的最高领导机关是党的全国代表大会，每五年举行一次。在全国代表大会闭会期间，中央委员会执行全国代表大会的决议，领导党的全部工作。2007年10月15日至21日，中国共产党举行了第十七次全国代表大会，这次大会对中国改革开放的历史进程和宝贵经验作了回顾总结，并提出了新时期的大政方针和具体目标。大会还修改了党章，选举产生了新一届中央委员会。**现任中央委员会总书记是胡锦涛。**

## 执政理念

坚持以人为本，全心全意地为人民服务，是中国共产党执政理念的核心价值取向。

中国共产党执政理念的主要内容为：立党为公、执政为民；科学执政、民主执政、依法执政，成为求真务实、开拓创新、勤政高效、清正廉洁的执政党，带领全国各族人民实现国家富强、民族振兴、社会和谐、人民幸福。

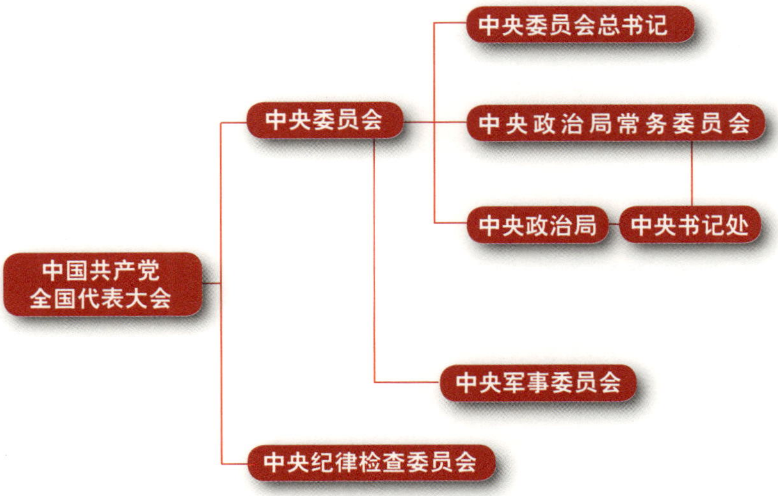

## 民主党派

在中国，除了中国共产党以外，还有被统称为民主党派的其他八个政党。各民主党派在政治上拥护中国共产党的领导，同时享有宪法规定范围内的政治自由、组织独立和法律地位平等。中国共产党与各民主党派合作的基本方针是“长期共存、互相监督、肝胆相照、荣辱与共”。

2008年3月6日，全国政协十一届一次会议举行记者招待会，八个民主党派的中央主席集体亮相。

### 八个民主党派

**中国国民党革命委员会**

构成主体：原国民党及与国民党有历史联系的人士
成立时间：1948.1
现任主席：**周铁农**

**中国民主同盟**

构成主体：从事文化教育以及科技工作的高中级知识分子
成立时间：1941.10
现任主席：**蒋树声**

**中国民主建国会**

构成主体：经济界人士及有关专家学者
成立时间：1945.12
现任主席：**陈昌智**

**中国民主促进会**

构成主体：从事教育、文化、出版、科学和其他工作的高中级知识分子
成立时间：1945.12
现任主席：**严隽琪**

**中国农工民主党**

构成主体：医药卫生和科学技术、文化教育界的高中级知识分子
成立时间：1930.8
现任主席：**桑国卫**

**中国致公党**

构成主体：归国华侨、侨眷和与海外有联系的代表性人士、专家学者
成立时间：1925.10
现任主席：**万刚**

**九三学社**

构成主体：科学技术和文化教育、医药卫生界的高中级知识分子
成立时间：1944.12
现任主席：**韩启德**

**台湾民主自治同盟**

构成主体：居住在大陆的台湾省籍人士
成立时间：1947.11
现任主席：**林文漪**

目前，在各级人大常委会、政协委员会、政府机构和经济、文化、教育、科技等部门，均有众多民主党派的成员担任领导职务，如八个民主党派的现任中央委员会主席分别担任着全国人大常委会副委员长或全国政协副主席的职务。各民主党派成员总人数有70多万，各省、自治区、直辖市和各大中城市都建有民主党派的地方组织和基层组织。

## 社会团体与民间组织

中国的社会团体依据宪法和法律独立自主地开展活动。这些社团的分支机构遍布城乡，参与国家和地方的政治生活，协调社会公共事务，维护群众合法权益，发挥着巨大的作用。

据民政部统计，1989年中国民间组织只有4446个，而截至2007年底，各类民间组织已发展到38.1万个。其中社会团体20.7万个，民办非企业组织17.2万个，基金会1369个。

中国民间组织的主要种类有：科技、教育、文化、卫生、体育、环境保护、法律服务、社会中介服务等。民间组织与政府携手合作推进环保事业已成为中国环境保护领域一个重要特点和新趋势，中国环境NGO已成为普及环境教育和倡导公众参与环保的重要力量。

民间组织数量

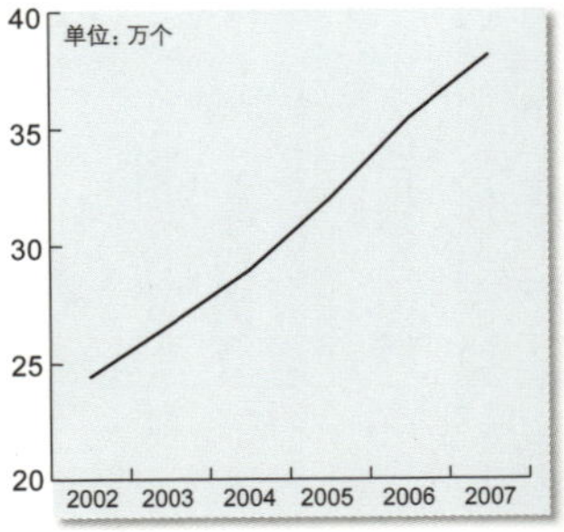


主要社会团体

| 中华全国总工会 | 中华全国青年联合会 | 中华全国妇女联合会 | 中华全国工商业联合会 |
|---|---|---|---|
| 成　分：职工 | 成　分：各界青年 | 成　分：各界妇女 | 成　分：非公有制经济人士 |
| 成立时间：1925.5 | 成立时间：1949.5 | 成立时间：1949.4 | 成立时间：1953.10 |
| 现任主席：**王兆国** | 现任主席：**杨岳** | 现任主席：**顾秀莲** | 现任主席：**黄孟复** |

国防费占国家财政支出比例

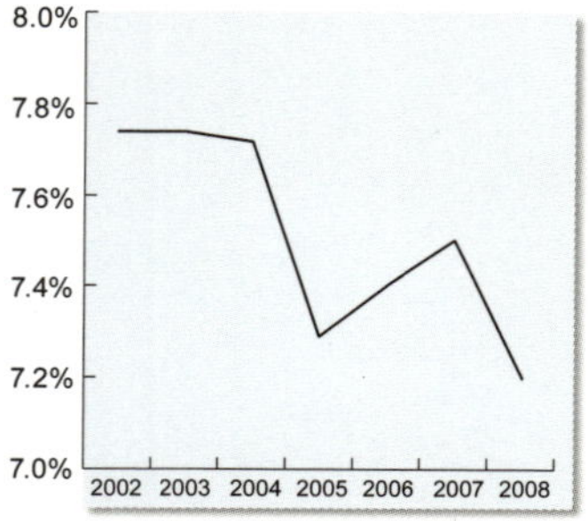


2007年部分国家国防费占GDP比重

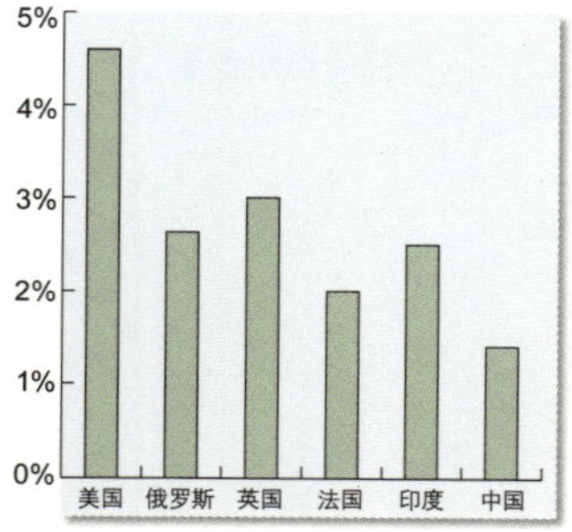


# 人民军队

中国奉行防御性的国防政策。中国的国防是国家生存与发展的安全保障，是维护国家安全统一，确保实现全面建设小康社会目标的重要保障。建立强大巩固的国防是中国现代化建设的战略任务。

中国的国防政策，主要包括以下内容：维护国家安全统一，保障国家发展利益；实现国防和军队建设全面协调可持续发展；加强以信息化为主要标志的军队质量建设；贯彻积极防御的军事战略方针；坚持自卫防御的核战略；营造有利于国家和平发展的安全环境。

中华人民共和国武装力量由中国人民解放军、中国人民武装警察部队、民兵组成，由中央军事委员会领导并统一指挥。

中国人民解放军是中国武装力量的主体，目前的总员额保持在230万以内。

中国人民武装警察部队担负着维护国家安全和社会稳定、保卫国家重要目标、保卫人民生命财产安全的任务，战时协助人民解放军进行防卫作战。

民兵是不脱离生产的群众武装组织。平时担负战备执勤、抢险救灾和维护社会秩序等任务，战时担负配合常备军作战、独立作战、为常备军作战提供战斗勤务保障以及补充兵员等任务。

中国人民解放军三军仪仗队

# 中国与世界

外交政策

同周边国家的关系

同发展中国家的关系

同世界大国的关系

中国—上海合作组织

中国—亚太经合组织

中国—世贸组织

中国—联合国

# 外交政策

中国奉行独立自主的和平外交政策。中国外交政策的宗旨是维护世界和平，促进共同发展，推动建设持久和平、共同繁荣的和谐世界，其主要内容包括：

——始终不渝走和平发展道路。中国坚持国家不分大小、强弱、贫富一律平等，尊重各国人民自主选择发展道路的权利，不干涉别国内部事务，不把自己的意志强加于人。

——致力于推动国际和地区安全合作。中国反对各种形式的霸权主义和强权政治，永远不称霸，永远不搞扩张。

——始终不渝奉行互利共赢的开放战略。中国以自己的发展促进地区和世界共同发展，扩大同各方利益的汇合点，在实现本国发展的同时，兼顾对方特别是发展中国家的正当关切。继续按照通行的国际经贸规则，扩大市场准入，依法保护合作者权益。

——坚持在和平共处五项原则的基础上同所有国家发展友好合作。中国继续同发达国家加强战略对话，增进互信，深化合作，妥善处理分歧，推动相互关系长期稳定健康发展。继续贯彻与邻为善、以邻为伴的周边外交方针，加强同周边国家的睦邻友好和务实合作，开展区域合作，共同营造和平稳定、平等互信、合作共赢的地区环境。继续加强同广大发展中国家的团结合作，深化传统友谊，扩大务实合作，提供力所能及的援助，维护发展中国家的正当要求和共同利益。积极参与多边事务，承担相应国际义务，发挥建设性作用，推动国际秩序朝着更加公正合理的方向发展。

### 同外国建交的原则

世界上只有一个中国，台湾是中国领土不可分割的一部分。凡与中国建交的国家，要承认中华人民共和国政府是代表全中国的唯一合法政府，并愿在互相尊重主权和领土完整、互不侵犯、互不干涉内政、平等互利、和平共处的原则基础上，发展相互之间的友好关系。

本着上述原则，到2007年底，中国已同世界上171个国家建立了外交关系。

# 同周边国家的关系

中国坚持"与邻为善、以邻为伴"的方针和"睦邻、安邻、富邻"政策，同周边国家共同营造和平稳定、平等互信、合作共赢的地区环境。

2007 年，中国国家主席胡锦涛访问了吉尔吉斯斯坦、哈萨克斯坦；国务院总理温家宝访问了乌兹别克斯坦、土库曼斯坦，进一步促进了中国与中亚的关系。温家宝总理先后出席了第十次东盟与中日韩（10+3）领导人会议、第十次中国与东盟（10+1）领导人会议、第二届东亚峰会等系列会议和第十一次东盟与中日韩领导人会议、第十一次中国与东盟领导人会议、第三届东亚峰会、第八次中日韩领导人会议等东亚领导人系列会议，并提出了多项具体合作倡议，涉及政治、安全、经贸、环境、可持续发展、人文等广泛领域。2008 年 1 月，印度总理辛格访问中国，双方就新形势下进一步深化战略合作伙伴关系达成广泛共识，为中印全方位合作添加了新动力。

2007 年，中国首次作为观察员出席第十四届南盟峰会，与南盟关系发展进入新阶段。中国与东盟签署《服务贸易协定》，《投资贸易协定》谈判加速进行，为如期全面建成中国—东盟自由贸易区奠定了坚实基础。

# 同发展中国家的关系

中国是世界上最大的发展中国家，巩固和发展同发展中国家的合作，是中国外交政策的基石。2007 年，中国继续加强同发展中国家的团结与合作，突出与发展中国家关系的基础地位，构筑长期稳定、平等互利、全面合作的新型伙伴关系。

2007 年，胡锦涛主席、全国人大常委会委员长吴邦国、全国政协主席贾庆林相继访问非洲，温家宝总理出席在上海举行

2007 年 6 月 7 日，中国国家主席胡锦涛在德国首都柏林出席中国、印度、巴西、南非、墨西哥五个发展中国家领导人集体会晤。图为会晤前五国领导人合影。

的非洲开发银行年会，全面推进落实中非合作论坛北京峰会成果特别是八项政策措施。中国与非洲国家外长在联合国大会期间举行首次政治磋商，正式启动中非合作论坛框架下的中非外长级定期政治对话机制。5月，中国为尼日利亚成功发射了一颗通信卫星，这是非洲国家自主拥有的第一颗通信卫星。从7月起，非洲26个最不发达国家开始享受454种对华出口零关税待遇。中国还派出了近1300人参与7项联合国在非洲的维和行动。

2007年，中国—阿拉伯国家合作论坛第二届企业家大会成功举行。中国积极参与伊朗核问题的解决，任命非洲事务特别代表为推动达尔富尔问题妥善解决进行了积极有效的努力。在2007年中，中国与拉美国家政治互信增强，经贸合作发展，在文教、科技等领域的合作也有新的成果。中国还加强了同印度、巴西、南非、墨西哥等新兴发展中大国的协调与合作。

## 同世界大国的关系

中国坚持在和平共处五项原则基础上，继续与世界各大国增进互信，深化合作，妥善处理分歧，推动相互关系长期稳定健康发展。

### 中美关系

2007年，中美关系总体呈现稳定发展的势头。两国高层保持着密切往来和接触。6月和9月，胡锦涛主席和布什总统分别在八国集团与发展中国家领导人对话会和亚太经合组织领导人非正式会议期间举行了会晤，两国元首还经常通信、通话，就双边关系和重大国际地区问题及时进行沟通。11月，美国国防部长盖茨访华，与中方就推进两军交流与互信达成多项共识。中美各层次对话磋商机制也日益完善。两国在2007年先后举行了中美第四次战略对话和第二次、第三次战略经济对话。中国全国人大同美国国会参众两院的机制化交流十分活跃。两国还通过50多个各类双边工作机制保持着密切沟通，涵盖了政治、经济、军事、司法、科技、教育、能源、航空、气候变化等各个领域。中美经贸合作继续快速发展，两国已经互为第二大贸易伙伴。

2006年4月21日，正在美国进行国事访问的中国国家主席胡锦涛向耶鲁大学赠送中国图书。图为胡锦涛主席在赠书仪式上向该校师生介绍所赠图书。

## 中俄关系

2007年的中俄关系处于最好的历史时期，两国高层交往更加频繁，中俄战略协作伙伴关系得到进一步巩固和提高。两国领导人确定了中俄战略协作伙伴关系第二个十年的发展原则和目标。2007年，俄罗斯举办“中国年”，胡锦涛主席在3月访俄期间参加了“中国年”开幕式，温家宝总理则在11月访俄期间出席了“中国年”闭幕式等活动。3月在莫斯科举办的“中国国家展”，是迄今为止中国在国外举办的规模最大、涉及领域最广的国家级展会。中俄军事合作稳步推进。9月，俄罗斯内务部内卫部队与中国人民武装警察部队在莫斯科近郊联合举行了“合作—2007”反恐演习联合作战行动。中俄政治关系的健康发展也极大地推动了两国经贸领域的合作，贸易结构明显改善，相互投资稳步扩大，合作的地域范围不断拓宽。

2007年3月，中国国家主席胡锦涛与时任俄罗斯总统普京在克里姆林宫举行会谈。

## 中欧关系

2007年，中欧双方高层往来更加频繁，合作领域更加拓展，中欧间形成了全方位、宽领域、多层次的合作局面，全面战略伙伴关系日趋成熟。双方在伊朗核问题、中东局势、朝核问题等国际事务，以及气候变化、能源等全球性挑战方面，加强了接触与合作。欧盟已跃居为中国最大的贸易伙伴、最大的出口市场，中国也成为欧盟第二大贸易伙伴。

2008年4月，中国国家主席胡锦涛在北京人民大会堂会见欧盟委员会主席巴罗佐。

中欧双方于2007年初正式启动了中欧新伙伴合作协定的实质性谈判，新协定涵盖双边关系的全部领域，包括能源、环境、农业、运输、海关、教育、信息社会、科技、空间合作、可持续发展、移民、反恐怖主义和大规模杀伤性武器等方面，为双方政治、经济和经贸关系发展提供全面的基础。7月，第三次中欧财金对话在布鲁塞尔举行。10月，双方在欧洲举办了第二届中欧论坛。11月底，欧盟轮值主席国葡萄牙总理苏格拉底和欧盟委员会主席巴罗佐来华出席第十次中欧领导人会晤，双方一致认为中欧关系十年来实现了历史性跨越，并就建立中欧经贸高层对话机制等共同关心的问题达成了一致意见。

6月，胡锦涛主席出席了在德国举行的八国集团同发展中国家领导人对话会，并对瑞典进行了国事访问。西班牙国王卡洛斯一世、德国总理默克尔和法国总统萨科齐等欧洲国家领导人于6月、8月和11月相继访华。这些高层互访进一步提升了中国与欧洲的整体关系。

2008年5月7日，中国国家主席胡锦涛在东京同日本首相福田康夫举行会谈。

2008年3月15日，中国国家主席胡锦涛在北京出席“中日青少年友好交流年”开幕活动。图为胡锦涛在中国人民大学世纪馆兴致勃勃地参加中日两国青少年书法交流活动。

### 中日关系

2007年是中日邦交正常化35周年，也是中日关系在恢复中继续发展和全面改善的一年。1月初，温家宝总理在菲律宾宿务东亚峰会上会晤日本首相安倍晋三。4月，温家宝总理访问日本，这次“融冰之旅”掀起了中日官方交流的高潮。中国国家主席胡锦涛6月在德国海利根达姆八国峰会上、9月在澳大利亚悉尼APEC会议期间，两次会晤日本首相安倍晋三，双方一致同意切实推进发展“战略互惠关系”，并在气候变暖、环保、节能、经济领域加强合作。11月底，温家宝总理和日本新任首相福田康夫在新加坡会晤。12月底，福田康夫访华，就构筑和发展中日两国战略互惠关系同中方达成广泛共识。中日恢复了中断十年的军方高层交往，双方还举办了“中日文化体育交流年”活动及主题为“合作共赢和协调发展”的首次经济高层对话。

2008年5月6日到10日，胡锦涛主席应邀对日本进行了访问。访问期间，胡锦涛主席会见了日本天皇，同福田康夫首相举行了富有成果的会谈，并广泛接触了日本社会各界人士。双方还发表了《中日关于全面推进战略互惠关系的联合声明》。这份文件确定了两国关系长远发展的指导原则，规划了两国关系的未来发展。

## 中国—上海合作组织

中国继续致力于促进上海合作组织成员国间的睦邻友好和合作，努力推动上海合作组织的务实合作和机制建设。2007年8月上海合作组织成员国元首理事会第七次会议在吉尔吉斯斯坦首都比什凯克举行、11月上海合作组织成员国总理第六次会议在乌兹别克斯坦首都塔什干举行，胡锦涛主席、温家宝总理分别出席元首会议和总理会议。比什凯克峰会期间，六国元首共同签署了《上海合作组织成员国长期睦邻友好合作条约》，成为规范成员国相互关系准则的重要政治文件、法律文件和上合组织发展史上一座重要的里程碑。8月举行的“和平使命—2007”上海合作组织成员国武装力量联合反恐军事演习是上海合作组织成立以来参演国家最多、规模最大的联合军演，增进了成员国在军事和安全领域的互信。

## 中国—亚太经合组织

中国始终本着积极参与、求同存异、推动合作的精神，全面参与亚太经济合作组织的各项活动。2007年9月，在澳大利亚悉尼出席亚太经合组织第十五次领导人非正式会议上，胡锦涛主席多次发表重要讲话，阐述中国政府在涉及地区及全球利益重大问题上的政策主张，其中就统筹经济发展和环境保护提出了坚持合作应对、坚持可持续发展、坚持《联合国气候变化框架公约》主导地位、坚持科技创新的四项主张，并提议建立“亚太森林恢复与可持续管理网络”。这是中国政府首次在国际会议中就应对气候变化提出具体、务实的合作建议，受到了各方的积极评价和支持。

## 中国—世贸组织

中国加入世贸组织六年以来，积极认真地履行承诺，在关税减让和取消非关税贸易壁垒，以及完善相关法律法规制度和实行政府职能转变、提高政策透明度等方面，都取得积极进展和明显成效。2007年，中国仍然积极参与多哈谈判，在多哈谈判中的建设性作用日益为各方所关注。6月，世贸组织总干事拉米访问中国，推动多哈回合全球贸易谈判。11月27日，世界贸易组织正式任命中国律师张月姣为该组织的上诉机构成员，这是中国内地的律师首次在世贸组织中担任这一要职。11月28日，中国正式通知世贸组织已批准《修改〈与贸易有关的知识产权协定〉议定书》。12月28日，中国正式启动加入世界贸易组织《政府采购协议》谈判。

中国还在世贸组织框架内解决了多起贸易争端。9月14日，中国就美对铜版纸反补贴暨反倾销措施提起世贸组织争端解决，这是中国加入世贸组织后首次单独向另一个成员提出世贸组织争端解决。11月29日，中国常驻世贸组织大使孙振宇在日内瓦与美国、墨西哥驻世贸组织大使分别签署了有关磋商解决双方补贴争端案的谅解备忘录。至此，中国与美国、墨西哥世贸组织的补贴争端案终止。

## 中国—联合国

作为联合国安理会常任理事国，中国积极参与国际体系，大力推行以维护联合国权威为中心的多边主义，主张建立公正合理的国际政治秩序，反对单边主义和霸权主义，致力于推动国际关系的民主化与法制化。中国积极参与联合国在维和、军控、反恐、发展、人权司法、环境等问题上的合作以及

联合国纽约总部

联合国各专门机构的活动；重视其他国际多边体制，推动国际军控和裁军，支持包括防扩散机制建设的多边军控进程；支持在反恐、防核扩散、人道主义援助、环境与气候、跨国犯罪等方面的多边务实合作；积极参与联合国改革，推动改革朝着最大限度地照顾发展中国家合理要求和关切的方向发展。

2007 年 8 月，中国代表向联合国通报了中国政府在增加军备透明方面的两项决定。根据决定，中国政府从 2007 年起参加《联合国军费透明制度》，并从 2007 年起恢复参加《联合国常规武器登记册》，同时提交《2006 年中国军费开支表》以及《2006 年中国常规武器转让情况表》。12 月，在印度尼西亚巴厘岛召开的《联合国气候变化框架公约》缔约方第十三次会议上，中国提出了《中国应对气候变化国家方案》，该方案计划到 2010 年实现单位国内生产总值能源消耗比 2005 年降低 20%左右，同时力争到 2010 年使中国可再生能源的比重提高到 10%，到 2020 年提高到 16%。中国还积极参与联合国维持和平行动，在刚果（金）执行联合国维和任务的中国维和部队官兵获得了联合国“维和荣誉勋章”。

中国在支付联合国的会费问题上一直采取积极、负责的态度。2007 年，中国在 2006 年的基础上，再增加 40%的幅度，即从 2.05%上升到 2.67%。其增幅之大，在各国中名列前茅，体现了一个负责任大国的态度。

获得联合国维和勋章的中国维和部队官兵

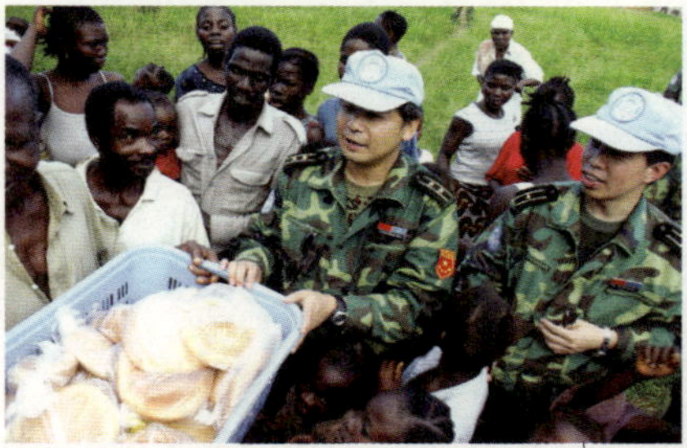

中国驻利比里亚维和部队医疗队向当地村民赠送食物和药品

# 国民经济

经济发展

经济体制

科学发展观

对外开放

多种经济成分并存

“十一五”规划

农业

工业

能源工业

航天工业

信息产业

交通运输业

金融与保险

旅游业

# 经济发展

今天的中国已成为世界上最具发展潜力的经济大国之一，人民生活整体达到小康水平。中国经济的发展是通过执行“五年计划”实现的。从 1953 年到 2000 年，中国共实施九个“五年计划”，为本来极端落后的中国经济奠定了坚实的发展基础。而 2001 年至 2005 年实施的第十个五年计划更是获得极大成功，使得中国经济实力进入世界前列。现在正在实施的是第十一个五年规划（2006–2010 年）。

进入二十一世纪，中国政府加强和改善宏观调控，国民经济继续保持平稳快速增长。2007 年，中国国内生产总值达到 249530 亿元，比上年增长 11.9%。

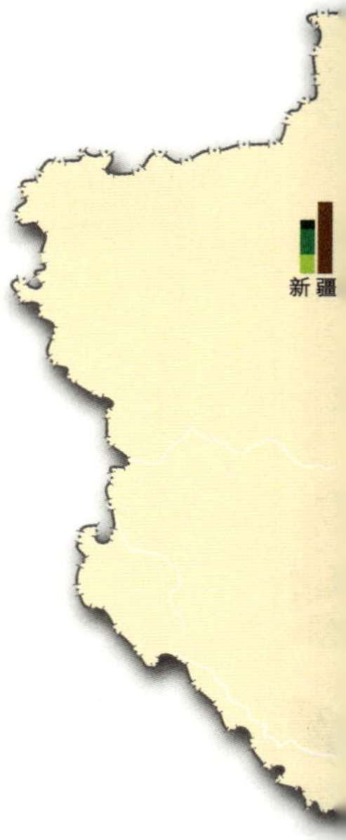


固定资产地区分布示意图

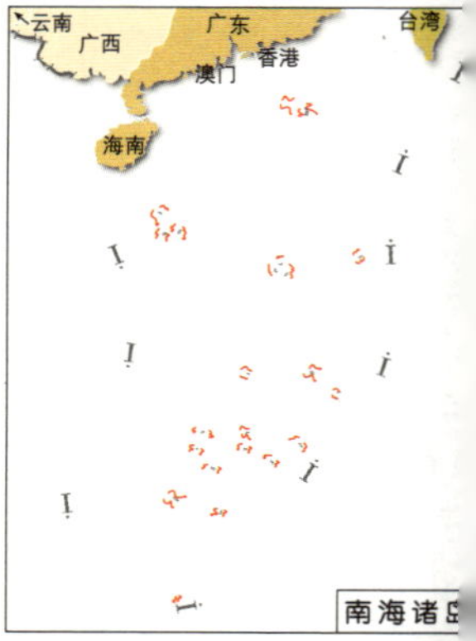


### 三次产业的划分

第一产业是指农业、林业、畜牧业、渔业；第二产业是指采掘业，制造业，电力、燃气及水的生产和供应业，建筑业；第三产业是指除第一、二产业以外的其他行业。

固定资产投资（全国）

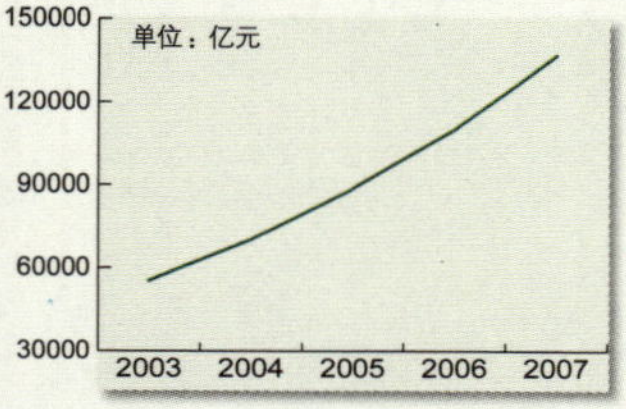


固定资产投资（分地区）

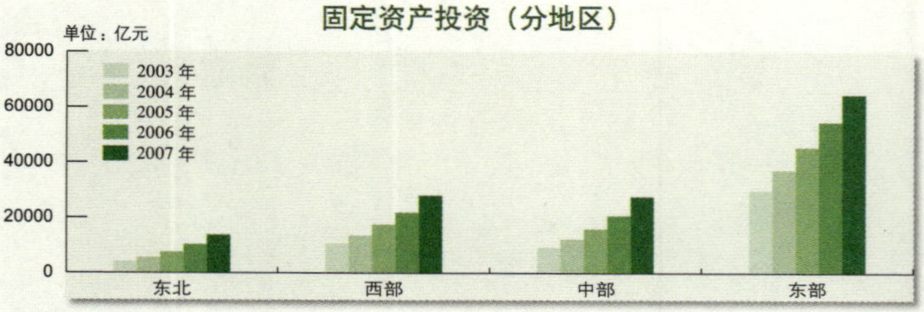

## 生产总值、就业人口比较示意图

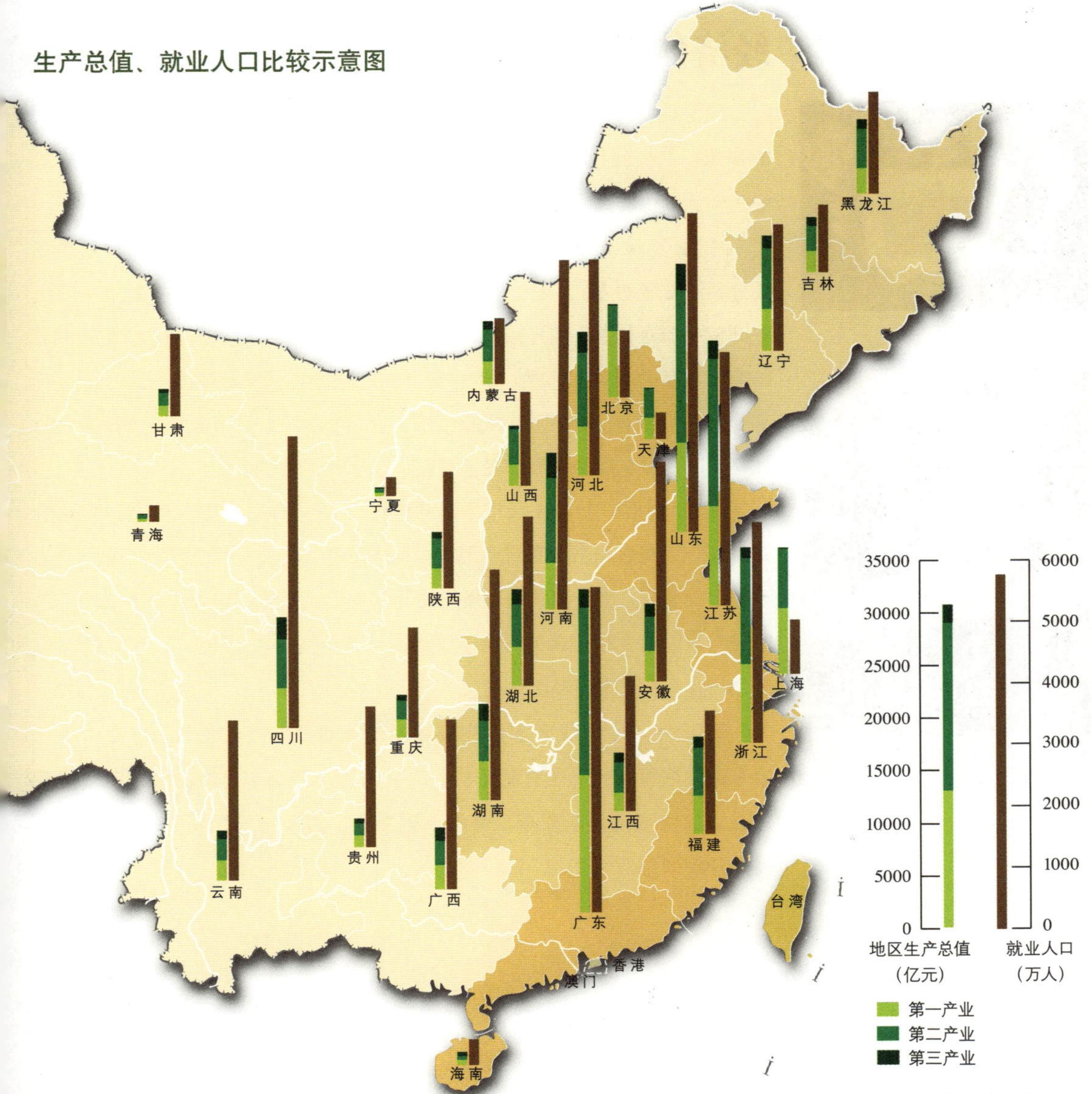


注：未包括港澳台地区。

### 国内生产总值及增速

### 国内生产总值构成(2007)

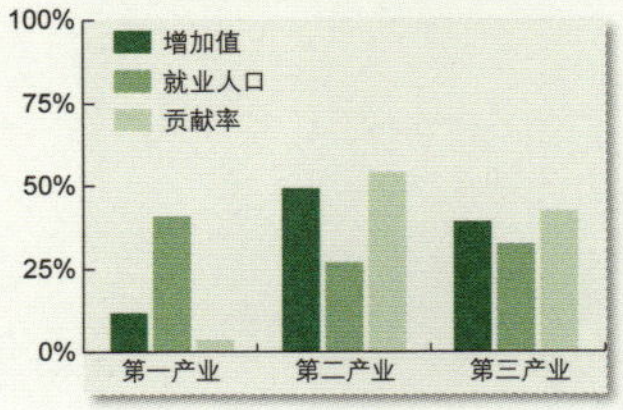


### 居民消费指数涨幅

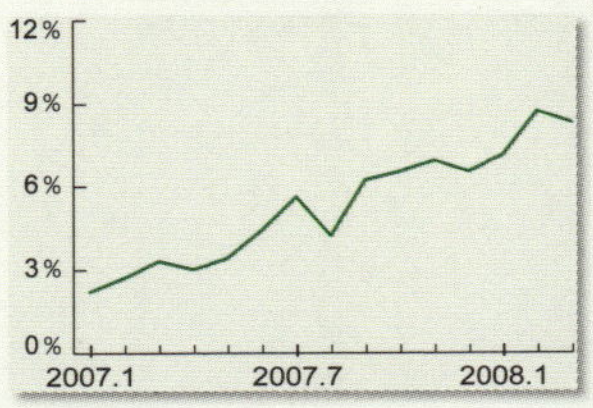

# 经济体制

2006年10月27日，中国工商银行股份公司在香港联合交易所上市。

中国房地产业近年来发展迅速。图为某一售楼处。

经济体制改革是中国改革开放最重要的内容之一。1978年，经济体制改革率先在农村展开，1984年扩展到城市。1992年，中国政府明确提出中国经济体制改革的目标是建立社会主义市场经济体制。

中国经济体制改革的主要内容是：坚持以公有制经济为主体、多种经济成分共同发展的方针，建立适应市场经济要求的现代企业制度；建立全国统一开放的市场体系，实现国内市场与国际市场接轨，促进资源的优化配置；转变政府管理经济的职能，建立完善的宏观调控体系；鼓励一部分地区一部分人先富起来，走共同富裕的道路；为城乡居民提供同中国国情相适应的社会保障，促进经济发展和社会稳定。

现在的中国，社会主义市场经济体制已经初步建立，市场在资源配置中的基础作用显著增强，宏观调控体系日趋完善；以公有制经济为主体、个体和私营等非公有制经济共同发展的格局基本形成。按预定计划，到2010年，中国将建立起比较完善的社会主义市场经济体制；到2020年，建立起比较成熟的社会主义市场经济体制。

2008年，中国政府深化经济体制改革的工作重点在四个方面：推进国有企业改革，完善所有制结构；深化财税体制改革，加快公共财政体系建设；加快金融体制改革，加强金融监管；拓展对外开放的广度和深度，提高开放型经济水平。

# 科学发展观

科学发展观是近年来频频出现在中国报端的一个新口号，它集中体现了胡锦涛为首的中国领导人的执政理念。

科学发展观的第一要义是发展，核心是以人为本，基本要求是全面协调可持续，根本方法是统筹兼顾。

这就是说，发展要讲科学性，是全面、协调和可持续的。即：不仅要求经济的发展，还要求政治、文化、社会、生态等全面的发展；要求发展的各个方面、各个地区、各个环节相互协调，统筹兼顾；要求在发展中节约资源，保护环境，使后代能有更好的生存和发展空间；要求更多地关注民生，体现社会公正，不断改善人民生活，把发展的成果真正落实到13亿中国人民的生活中去。

立在路旁的标语牌——科学发展年

# 对外开放

在 1978 年进行经济体制改革的同时，中国开始有计划、有步骤地实行对外开放。从 1980 年起，中国先后在沿海地区建立 5 个经济特区和一些经济开放区，开放 14 个沿海城市、一些边疆城市，以及内陆所有的省会、自治区首府城市，还在一些大中城市建立了 15 个保税区、54 个国家级经济技术开发区和 53 个高新技术产业开发区。上述对外开放地区，由于实行不同的优惠政策，在发展外向型经济、出口创汇、引进先进技术等方面，起到了窗口和对内地的辐射作用。

2000 年，中国西部开发拉开帷幕。西部地区包含甘肃、贵州、宁夏、青海、陕西、四川、重庆、西藏、新疆、云南、广西和内蒙古，拥有全国 70% 的国土面积和近 30% 的人口，土地和矿产资源丰富，与 10 多个国家接壤，被认为是继东部沿海地区后的第二个对外开放黄金地带。中国政府在制定西部开发总体规划的同时，制定了一系列鼓励外商在西部地区投资的优惠政策措施。近年来，中国西部已成为外商投资的热点地区。截至 2007 年底，西部地区有外商投资企业 3000 多家。跨国公司已进入物流、IT、商业、金融、保险、贸易等众多领域。

外汇储备

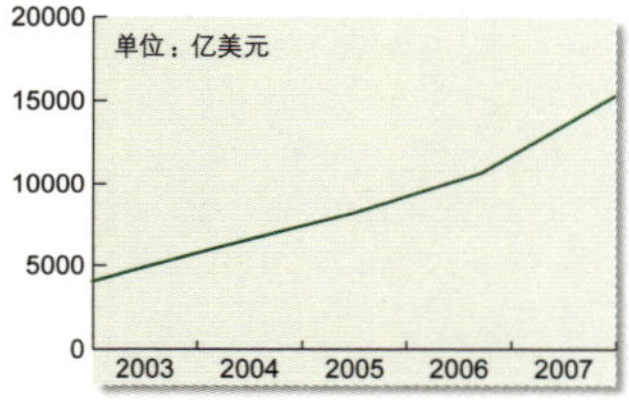

## 对外开放城市、地区示意图

中文“洋”字也指外国

上海街头各国银行的广告牌

## 利用外资

中国利用外资的渠道和形式大致分为三类：对外借款，包括外国政府、国际金融组织贷款以及外国商业银行贷款、出口信贷、对外发行债券等；外商直接投资，包括中外合资企业、中外合作企业、外商独资企业以及合作开发项目等；外商其他投资，包括国际租赁、补偿贸易、加工装配以及对外发行股票等。从1979年到2006年，中国实际利用外资额8827亿美元，其中外商直接投资6919亿美元。2007年，外商投资继续保持良好态势，全年实际利用外资783亿美元，其中外商直接投资748亿美元。

自二十世纪八十年代初开始，全国人大和国务院先后颁布了500多个涉外经济法律法规，为外商来中国投资提供了法律依据和保障。迄今，根据世贸组织规则和中国的对外承诺，基本完成了涉外经济法律法规清理修订工作，以中外合资经营企业法、中外合作经营企业法、外商独资企业法三大基本法律及其实施细则为主体的外商投资法律体系已基本建成。到2007年底，已有近200个国家和地区的外商来中国投资，外商投资企业发展到59.1万家；国际大财团、跨国公司看好中国市场，世界排名前500家大型跨国公司已有450家来中国投资。中国被世界投资者、金融界评为投资环境最好、最具发展潜力的国家之一。

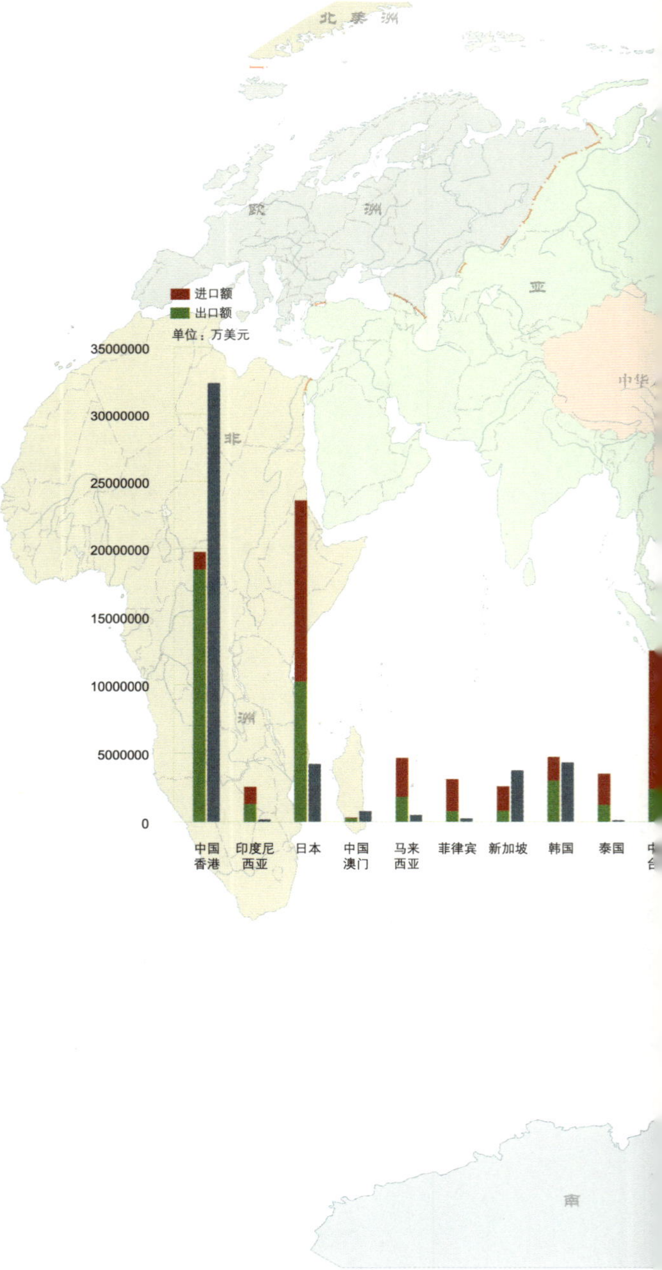

## 利用外资情况示意图

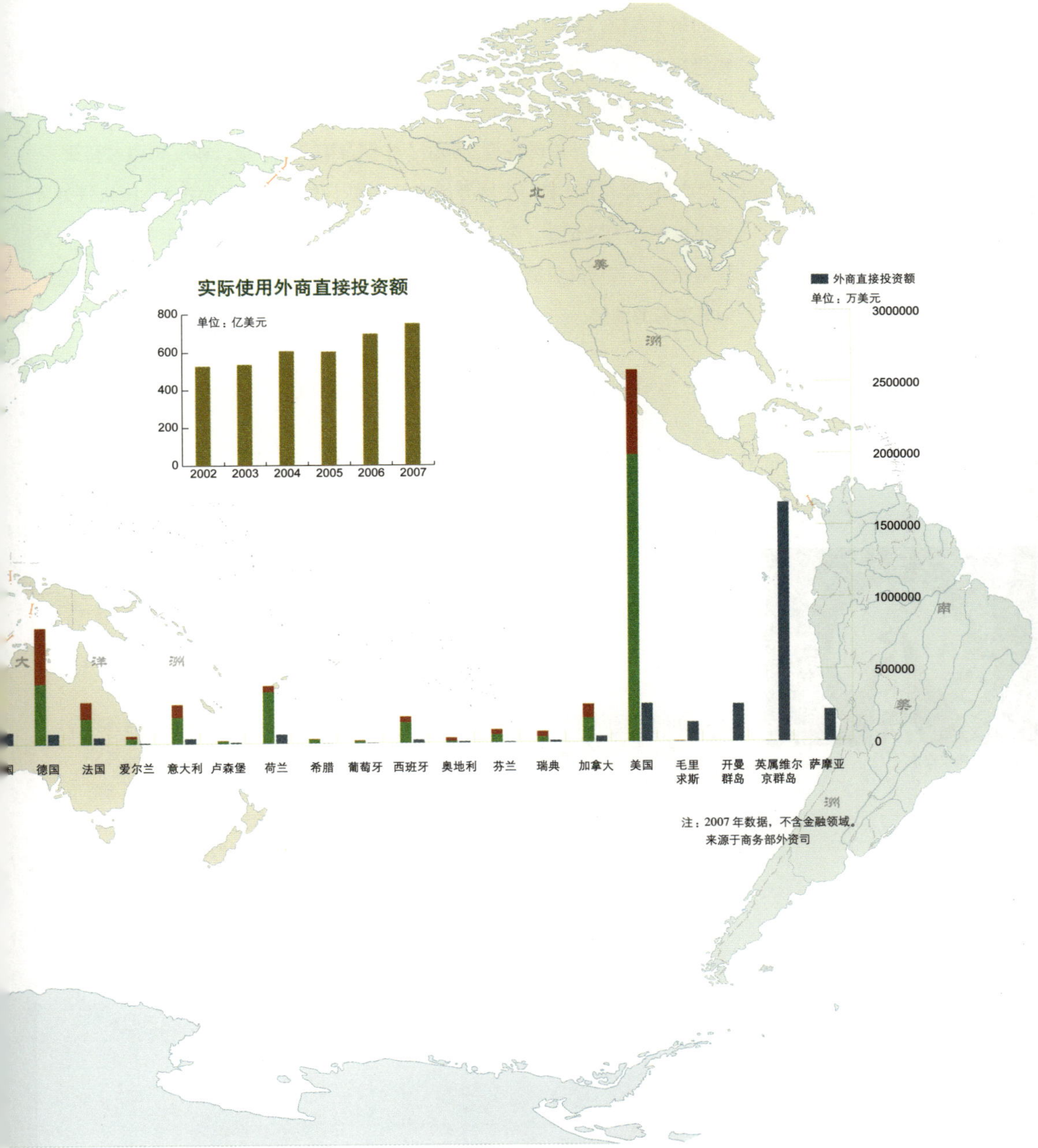
实际使用外商直接投资额
单位：亿美元
800
600
400
200
0
2002
2003
2004
2005
2006
2007
外商直接投资额
单位：万美元
3000000
2500000
2000000
1500000
1000000
500000
0
德国
法国
爱尔兰
意大利
卢森堡
荷兰
希腊
葡萄牙
西班牙
奥地利
芬兰
瑞典
加拿大
美国
毛里求斯
开曼群岛
英属维尔京群岛
萨摩亚
注：2007年数据，不含金融领域。
来源于商务部外资司

## 对外贸易

在世界货物进出口总额排名中，中国已由1978年的第二十七位、1990年的第十六位、2000年的第八位跃居至2004年的第三位。2007年，中国货物进出口总额又比2006年增长23.5%，达到21738亿美元。目前，与中国开展贸易往来的国家和地区共有230多个，十大贸易伙伴依次是：欧盟、美国、日本、东盟、中国香港、韩国、中国台湾、俄罗斯、印度和澳大利亚。

2004年7月1日，中国开始实施新修订的《对外贸易法》。该法将外贸权审批制改为登记制，并对货物进出口与技术进出口、国际服务贸易、对外贸易秩序、与对外贸易秩序有关的知识产权保护等作出了明确规定，以促进对外贸易的发展。

保护知识产权标志

### 知识产权保护

中国知识产权制度建设起步于上世纪八十年代，先后颁布实施了专利法、商标法、著作权法和计算机软件保护条例、集成电路布图设计保护条例、音像制品管理条例、植物新品种保护条例、知识产权海关保护条例、特殊标志管理条例、奥林匹克标志保护条例、信息网络传播权保护条例等涵盖知识产权保护主要内容的法律法规，并发布了一系列相关的实施细则和司法解释，使中国知识产权保护的法律法规体系不断趋于完善。

依据2006年4月国务院发布的《保护知识产权行动纲要（2006－2007年）》，已在全国50个城市建立了综合性的知识产权举报投诉服务中心。国家保护知识产权工作组办公室还建立了中英文版门户网站——“中国保护知识产权网”（www.ipr.gov.cn），面向海内外公众提供专业化的信息服务。

## 海外投资

国家商务部公布的统计数据表明，中国正在成为新的投资大国。截至2007年底，中国累计对外直接投资（非金融类）达到937亿美元；对外承包工程累计完成营业额2491亿美元。中国企业对外投资领域不断拓宽，从一般出口贸易、餐饮和简单加工扩大到营销网络、航运物流、资源开发、生产制造和设计研发等众多领域，投资区域已拓展到160多个国家和地区。跨国并购成为中国对外投资的主要方式，据不完全统计，2007年前11个月，以并购方式实现对外直接投资近170亿美元。

一批有条件的大型企业和企业集团通过进行专业化、集约化和规模化的跨国经营，在更大范围内优化资源配置，增强了参与对外经济合作的能力，已成为具有较强国际竞争力的跨国公司，如中国石油化工集团公司、国家电网公司、中国石油天然气集团公司等。

位于南非约翰内斯堡的中国海信集团南非公司的工厂

### 降低关税

中国自加入世贸组织以来，关税总水平已由2000年的15.6%降至2006年的9.9%。从2007年1月1日起，中国进一步降低44个税目的进口关税，关税总水平降至9.8%，其中农产品平均税率为15.2%，工业品平均税率为8.95%。

进出口贸易额

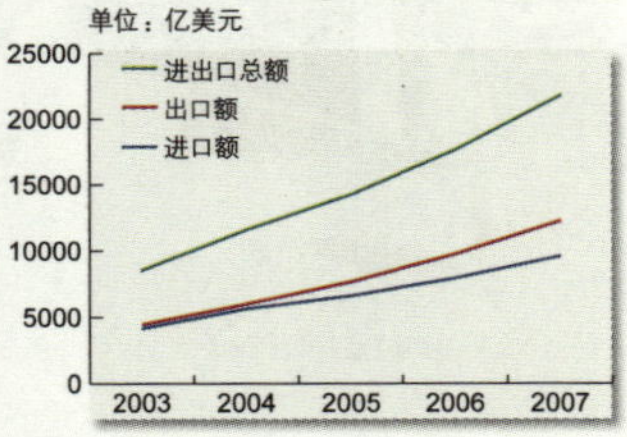


中国海外投资额

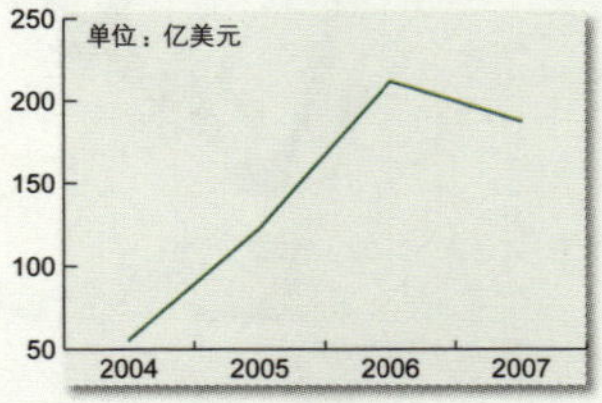


注：上述数据不含金融领域

中国对外劳务合作

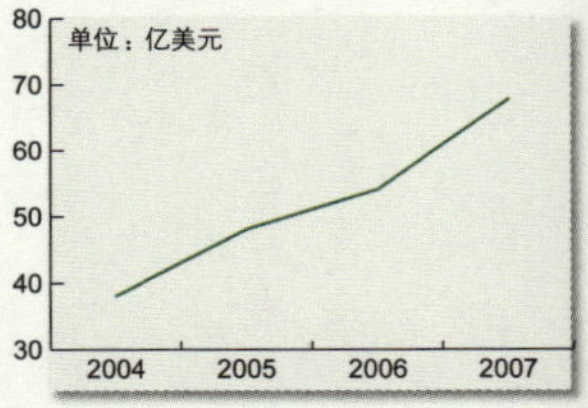

浙江温岭民营企业建造的万吨轮顺利下水

# 多种经济成分并存

1978 年以前，中国只有单一的公有制经济，国有企业占 77.6%，集体企业占 22.4%。改革开放为多种经济成分的共同发展开辟了广阔空间。目前，中国国有企业的公司制改革已基本完成，对整个国民经济的控制力、影响力和带动力不断增强。到 2007 年，全部国有工业企业及年产品销售收入 500 万元以上的非国有工业企业增加值中，国有及国有控股企业占 39.2%，集体企业占 3.9%，其余份额为非公有制企业占有——包括外商投资企业、港澳台商投资企业，以及个体和私营企业，呈现出多种经济成分并存的活跃局面。

据 2007 年 7 月的统计，中国进入世界 500 强的企业中，内地的 19 家企业全部是国有企业。中国企业 500 强中，大多为国有及国有控股企业，其营业收入占全部企业收入的 85.2%，是中国经济的中坚力量。非公有制企业已成为推动行业发展的主体，在 40 个工业行业中，非公有制经济在 27 个行业中的比例超过 50%，部分行业超过 70%。

上海的贝尔阿尔卡特生产区

# “十一五”规划

正在实施的《国民经济和社会发展第十一个五年规划纲要》，绘出了中国经济社会发展的宏伟蓝图，提出了“十一五”时期（2006—2010 年）中国经济社会发展的主要指标（见下表）。

“十一五”时期经济社会发展主要指标简表

| 类别 | 指标 | 2005 年 | 2010 年 | 年均增长（%） | 属　性 |
|---|---|---|---|---|---|
| 经济增长 | 国内生产总值（万亿元） | 18.4 | 26.1 | 7.5 | 预期性 |
| | 人均国内生产总值（元） | 14103 | 19270 | 6.6 | 预期性 |
| 经济结构 | 服务业增加值比重（%） | 40.3 | 43.3 | [3] | 预期性 |
| | 服务业就业比重（%） | 31.3 | 35.3 | [4] | 预期性 |
| | 研究与试验发展经费支出占国内生产总值比重（%） | 1.3 | 2.0 | [0.7] | 预期性 |
| | 城镇化率（%） | 43 | 47 | [4] | 预期性 |
| 人口资源环境 | 全国总人口（万人） | 130756 | 136000 | ＜8‰ | 约束性 |
| | 单位国内生产总值能源消耗降低（%） | | | [20] | 约束性 |
| | 单位工业增加值用水量降低（%） | | | [30] | 约束性 |
| | 农业灌溉用水有效利用系数 | 0.45 | 0.50 | [0.05] | 预期性 |
| | 工业固体废物综合利用率（%） | 55.8 | 60.0 | [4.2] | 预期性 |
| | 耕地保有量（亿公顷） | 1.22 | 1.20 | −0.3 | 约束性 |
| | 主要污染物排放总量减少（%） | | | [10] | 约束性 |
| | 森林覆盖率（%） | 18.2 | 20.0 | [1.8] | 约束性 |
| 公共服务人民生活 | 国民平均受教育年限（年） | 8.5 | 9.0 | [0.5] | 预期性 |
| | 城镇基本养老保险覆盖人数（亿人） | 1.74 | 2.23 | 5.1 | 约束性 |
| | 新型农村合作医疗覆盖率（%） | 23.5 | >80 | >[56.5] | 约束性 |
| | 五年城镇新增就业（万人） | | | [4500] | 预期性 |
| | 五年转移农业劳动力（万人） | | | [4500] | 预期性 |
| | 城镇登记失业率（%） | 4.2 | 5.0 | | 预期性 |
| | 城镇居民人均可支配收入（元） | 10493 | 13390 | 5.0 | 预期性 |
| | 农村居民人均纯收入（元） | 3255 | 4150 | 5.0 | 预期性 |

注：国内生产总值和城乡居民收入为 2005 年价格；带 [ ] 的为五年累计数。

# 农 业

中国仅有全球 7% 的耕地，但成功解决了全球五分之一人口的吃饭问题。因此，中国农业在世界上占有相当重的分量。

中国农业的快速发展是从 1978 年实行农村改革以后开始的。改革的主要措施是推行以家庭联产承包为主的责任制，让农民重新掌握土地使用权，自主安排农活和处置农产品；取消统购派购的做法，放开大部分农副产品价格；取消过去众多的限制性政策，允许农民发展多种经营、开办乡镇企业，调动农民的生产积极性。通过改革，解放和发展了农村生产力，推动了农业特别是粮食生产的快速增长和农业结构的不断优化，使中国农业取得显著成就。现在，中国的粮食、棉花、油料、水果、肉类、禽蛋、水产品、蔬菜等产量均居世界首位。

中国农产品进出口贸易快速发展，在占农产品贸易总额 85% 至 90% 的十五类产品中，有包括谷物在内的八类产品呈现净出口增加或净进口减少趋势；而水产品和蔬菜、水果等已成为颇具竞争力的净出口农产品。

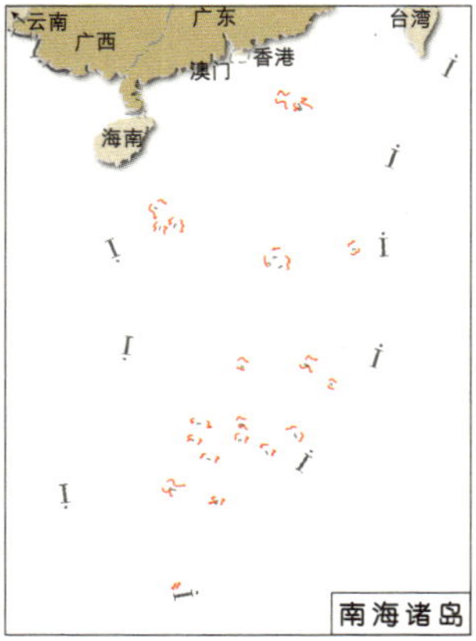


主要农产品产量

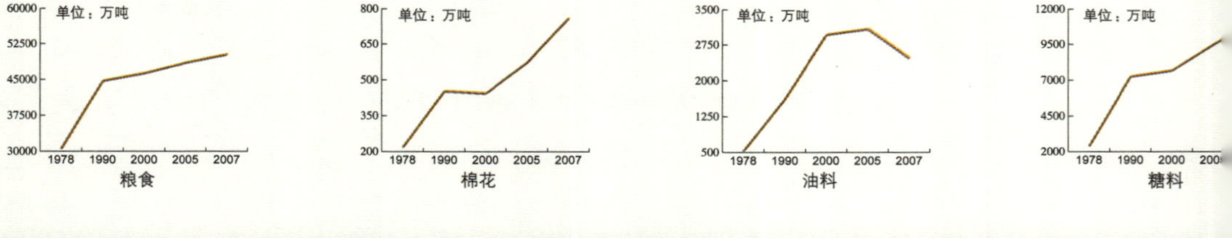

## 农业产值、农业人口示意图

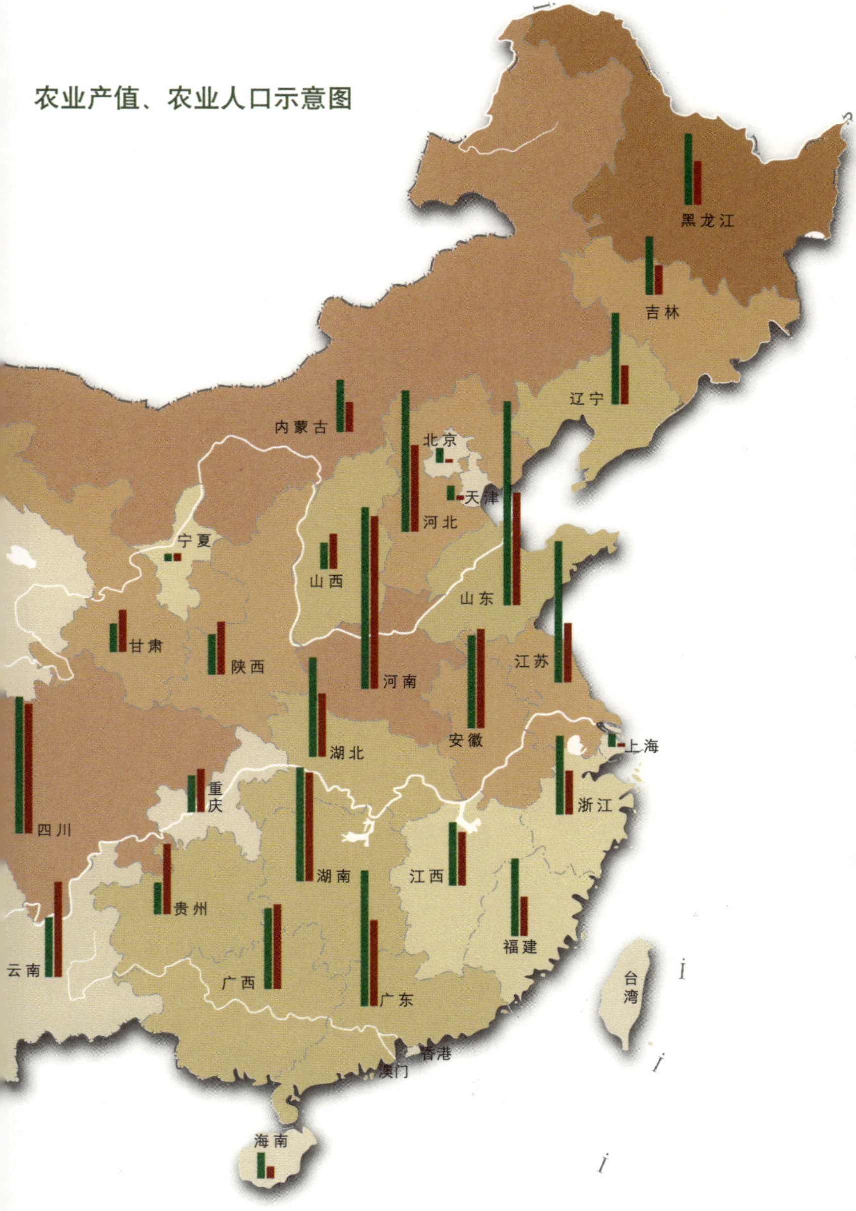


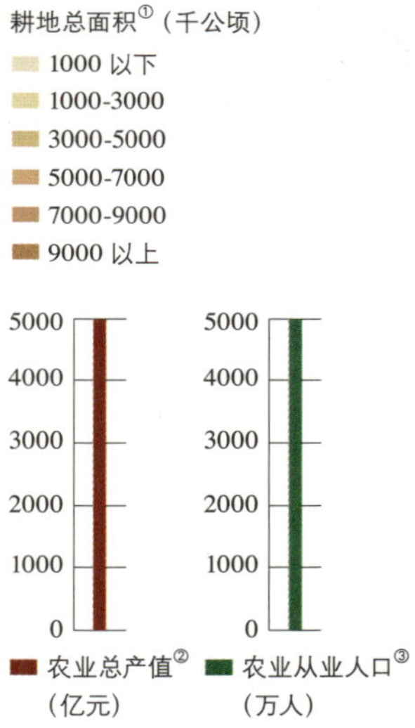


### 人均农产品产量④

粮食：381 公斤
棉花：5.8 公斤
油料：19.3 公斤
糖料：86.9 公斤
水果：137.6 公斤

① 1996 年 10 月 31 日时点数
② 2007 年数据
③ 2005 年底数据
④ 2007 年数据

注：未包括港澳台地区。

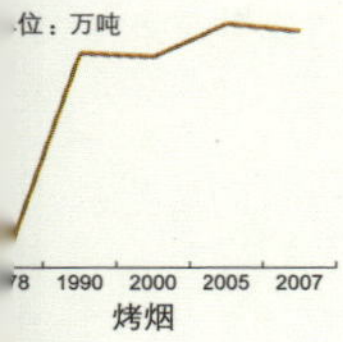

烤烟

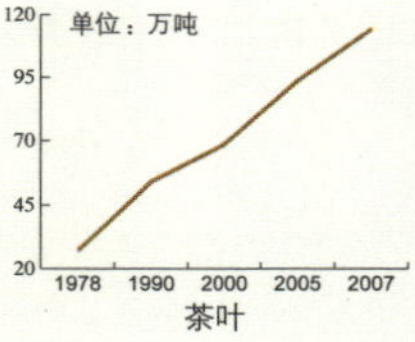

茶叶

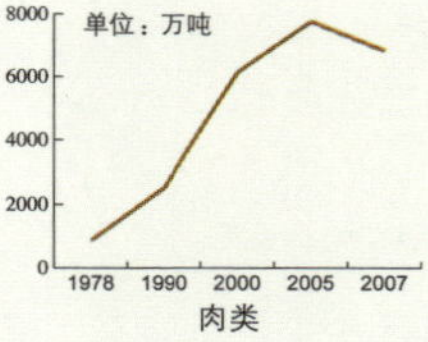

肉类

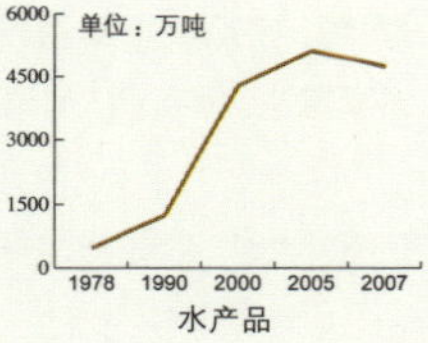

水产品

收割机正在山东济南市郊区收小麦

大棚蔬菜种植

扩大农业产业化经营规模，全面提升农业现代化水平，是近几年国家提高农业国际竞争力的一项重要内容，现已形成600多家国家重点龙头企业、2000多家省级龙头企业带动，多种形式中介组织联结农户和生产基地的格局。2003年以来，国家重点实施了包括新品种繁育及良种产业化，种植、养殖技术产业化等六类现代农业高技术产业化示范工程，以推动先进技术应用于农业生产，使农产品提高出口创汇能力。从2006年开始，国家农业部重点扶持农业特色品牌，引导一个村（或几个村）培植一个（或几个）有特色优势的农业产品，从而促进农村经济结构调整和农业产业化经营。目前，东部地区已出现大量外向型农业专业村镇，中西部地区也出现了许多种植业、养殖业专业村镇。

### 免除农业税

中国政府从2006年1月1日起，免除了所有农业税。

### 农业节水

目前，中国年农业用水量为3900亿立方米，占全社会总用水量的70%，而农业灌溉效率仅为45%，农业节水潜力巨大。国家确定的农业节水目标是：到2030年，在农业用水总量不增加的情况下，农业灌溉效率达到55%。

近十年来，政府一直重视农业节水工程示范工作，建立了一批国家级农业节水科技示范工程示范区、农业节水高科技示范园区、节水增效示范区，对大型灌区进行了以节水为中心的续建配套和技术改造，探索出多种适合不同类型区域的农业节水发展模式和技术体系。与此同时，政府有关部门还推广了渠道防渗、低压管道输水、大田喷灌、棉花膜下滴灌等灌溉节水技术，以及秸秆覆盖、地膜覆盖、保水剂、耐旱作物等农业节水技术。

### 优良品种推广

被国际上誉为“杂交水稻之父”的中国科学家袁隆平，在杂交水稻方面的研究成果改写了二十世纪后半叶中国水稻耕作的历史。目前，每公顷产量超过12000公斤的超级杂交稻正在大面积推广中。袁隆平新的研究课题是：到2010年实现每公顷产量13500公斤的超级杂交稻目标。此外，通过“优质超高产农作物新品种培育”重大项目的实施，国家已审定包括油菜、花生、小麦、玉米在内的新品种655个，主要农作物的良种覆盖率达到95%以上。

2008年，国家继续实施生物育种高技术产业化专项。通过专项实施，促进主要农作物、畜禽水产、林木新品种的选育，力争在生物育种产业化方面实现跨越式发展。

## 乡镇企业

乡镇企业是指农民在农村兴办的企业。乡镇企业经营范围甚广，包括工业、农产品加工、交通运输业、建筑业、商业和饮食服务业等。中国乡镇企业的产品以其价廉的优势销往全国城乡。目前，全国共有乡镇企业约 2300 万家，在年营业收入超过 1000 万元的企业中，三分之二以上的企业建有研发机构，形成了一批拥有自我创新能力和自主知识产权的知名企业。

销售收入十年增万倍的乡镇企业——安徽富煌集团

乡镇企业利润总额

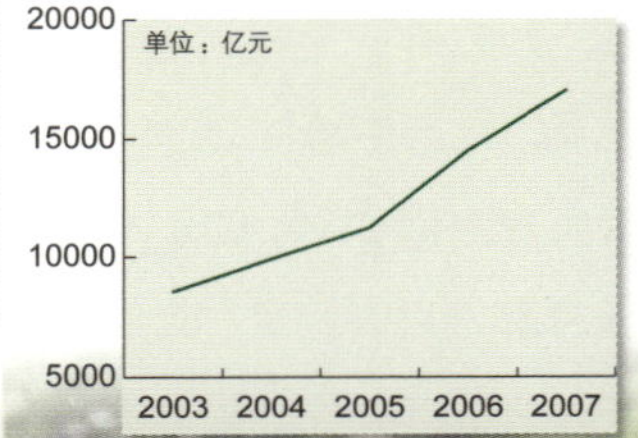


“杂交水稻之父”——袁隆平

制造大型水轮发电机

吉林长春一汽大众公司的组装车间

# 工 业

1979 年改革开放后，中国工业一直保持高速增长。2007 年，全国工业企业完成增加值 107367.2 亿元，比上年增长 13.5%，规模以上工业企业 1–11 月实现利润 22951 亿元，比上年增长 36.7%，仍然保持着速度与质量、效益同步发展的良好局面。自 1996 年以来，钢、煤、水泥、农用化肥、电视机的产量一直居世界第一位。

工业增加值及增速

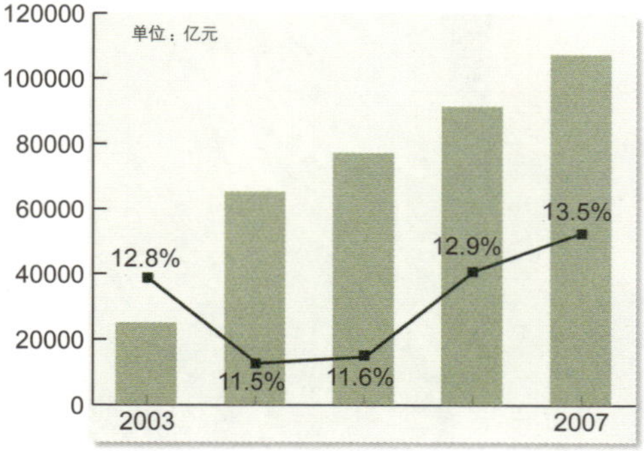


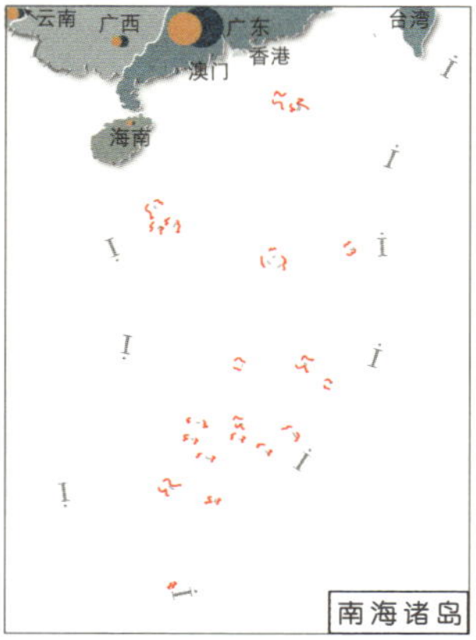


主要工业产品产量

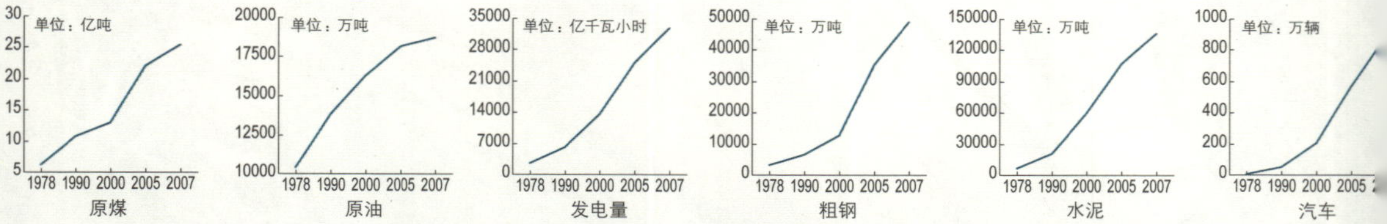

## 规模以上工业企业利润情况示意图

注：2007 年 1~11 月数据，未包括港澳台地区。

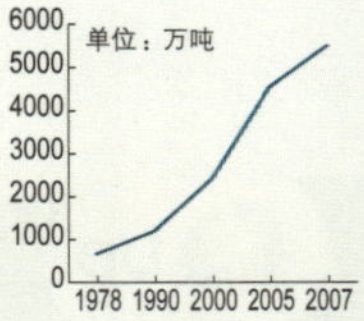

硫酸

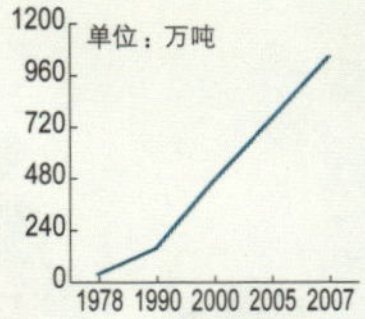

乙烯

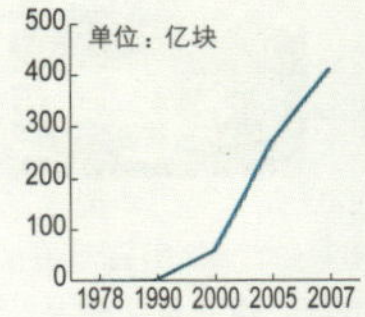

集成电路

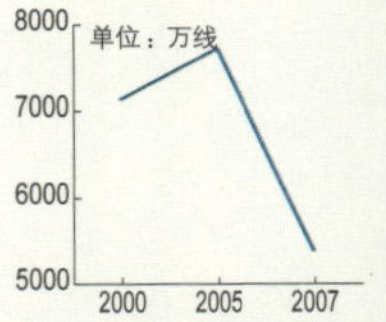

程控交换机

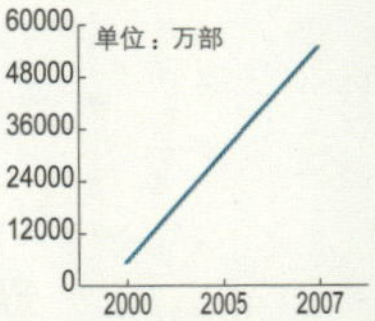

移动通信手持机

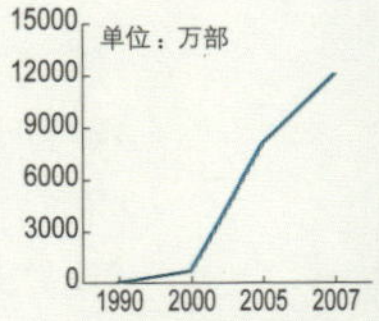

微型电子计算机

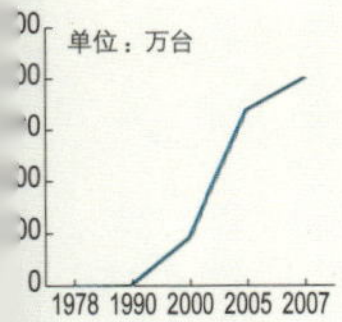

房间空调器

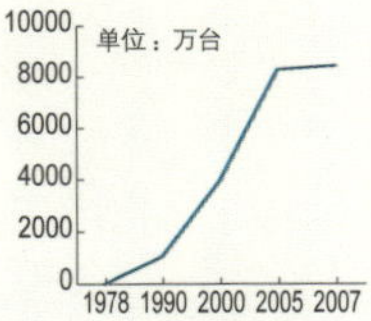

彩色电视机

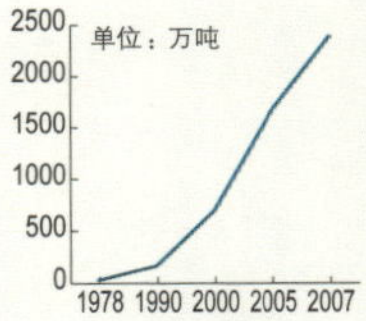

化学纤维

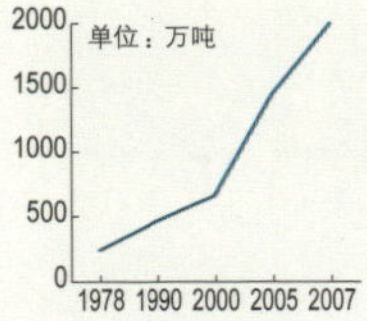

纱

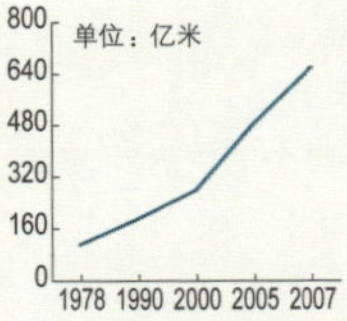

布

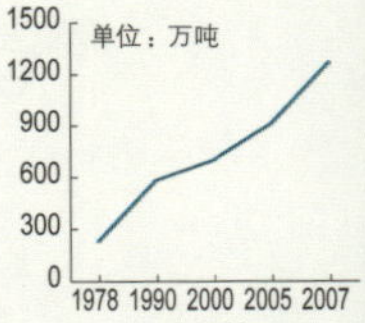

成品糖

# 能源工业

2005年2月，中国成品油零售市场全面开放。BP等国际石油巨头进入中国市场，建立了与中国石油企业的密切合作。

在中国能源工业中，电力工业发展最为迅速。2007年底，全国发电装机容量突破7亿千瓦，发电量为32777亿千瓦小时，居世界第二位。中国电力工业以火电为主；水电装机容量达1.45亿千瓦，居世界第一位；核电装机容量为885万千瓦，2020年前将再建3600万千瓦的核电设施。电网建设也进入历史上最快的发展阶段，500千伏主网架承担着跨省、跨地区电力输送和交换任务，以计算机为主的国际先进调度自动化系统已普遍采用并达到实用化程度。目前，中国电力工业已进入以大机组、大电厂、大电网、超高压、自动化为主干的新时期。

1989年后，中国的煤炭年产量一直保持在10亿吨以上。中国煤炭工业的技术水平，目前已经具备设计、施工、装备及管理千万吨级露天煤矿和大中型矿区的能力。煤炭洗选技术和能力也在不断提高，煤炭液化、地下气化工作正在开展。

1997年至2007年中国原油连续十一年年产量超过1.6亿吨，列世界第五位。石油工业的发展带动了地方经济和机械制造、钢铁、交通运输等相关产业的发展。2007年，中国天然气产量达到693亿立方米。

### 新能源

为了使经济发展摆脱能源供给不足的束缚，中国正在针对不同地域特点加快开发风能、太阳能、地热、潮汐能和生物质能等新型能源。2006年1月1日起正式实施的《可再生能源法》明确了政府、企业和用户在可再生能源开发利用中的责任和义务，提出了总量目标制度、专项资金制度、税收优惠制度等一系列政策和措施。中国在逐步提高优质清洁可再生能源在一次能源消费总量中的比重，到2020年将使这一比重由2005年的7%提高到15%。

# 航天工业

作为世界上第五个独立自主研制和发射人造地球卫星、第三个掌握卫星回收技术的国家，中国在卫星回收、一箭多星、火箭技术以及静止轨道卫星发射与测控等多个重要技术领域已跻身世界前列。在遥感卫星、通信卫星研制及其应用、载人飞船等方面也都取得重大进展。2007 年 10 月 24 日“嫦娥一号”发射成功，11 月 26 日国家航天局公布该卫星传回的第一幅月面图像，这标志着中国已经进入世界具有深空探测能力国家的行列。这些成果均已应用于国民经济各个领域中并服务于社会，气象卫星服务便是一例。

中国自行研制的“神舟五号”、“神舟六号”飞船成功实现了载人航天。“神舟七号”飞船计划在 2008 年 10 月左右发射升空，届时将有三名航天员进入太空，并首次出舱和在太空行走，完成航天器的空间轨道交会对接任务。截至 2007 年底，中国已发射 110 颗多类型自主研制的人造地球卫星；中国自主研制的“长征”系列运载火箭，已有 12 种不同型号，能够发射近地轨道、地球静止轨道、太阳同步轨道卫星和飞船，发射成功率达到 90% 以上。中国依靠自己力量建成的酒泉、西昌、太原三个卫星发射中心，已成为世界知名的现代化航天发射基地。

2007 年 10 月，嫦娥一号卫星被成功送入太空。

2003 年 10 月 15 日，中国首位航天员杨利伟乘飞船遨游太空。图为整装待发的杨利伟。

长征 2-F 火箭在上海国际工业博览会上展出

# 信息产业

截至 2007 年底，中国域名总数达到 1193 万个，其中 CN 域名超过 900 万个；网民 2.1 亿人，居世界第二位。在互联网服务业务方面，网络教育、网上银行、在线交易、网络广告、网络新闻、网上视频服务、收费邮件服务、IP 电话、短信服务、网上人才服务、网络资讯服务、网络游戏等发展迅速。国家及地方政府现已初步建立起电子政务的信息保护和网络信任体系，满足了跨部门多应用的互联互通、资源共享和应用整合等需求。

信息产业已成为中国工业的第一支柱产业。2007 年，信息产业增加值完成 13638 亿元，产业规模为全球第三位，显示器、手机、笔记本电脑等产品居世界第一位。统计资料表明，中国电子及通信设备制造业的产值、销售额、盈利状况均超过传统行业，居各行业之首，对国民经济增长的贡献也最大。

### 电话

2007年底，全国电话用户达到91274万户，其中固定电话用户36545万户，移动电话用户54729万户，网络规模居世界第二位。中国于1987年开办移动通信业务，移动电话网现已覆盖全国城乡，并与200多个国家和地区实现了移动电话漫游。

喇嘛正在用手机通话

网民数量

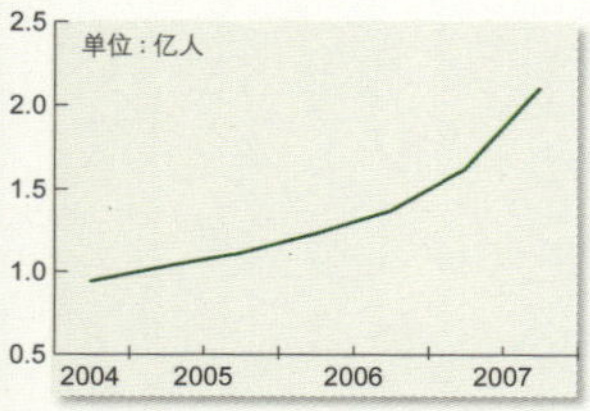


互联网普及率

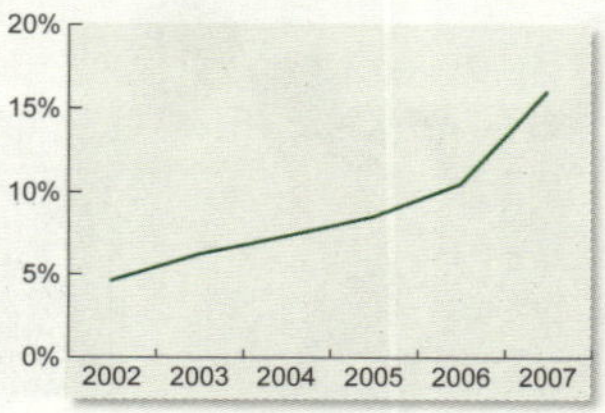


部分国家互联网普及率

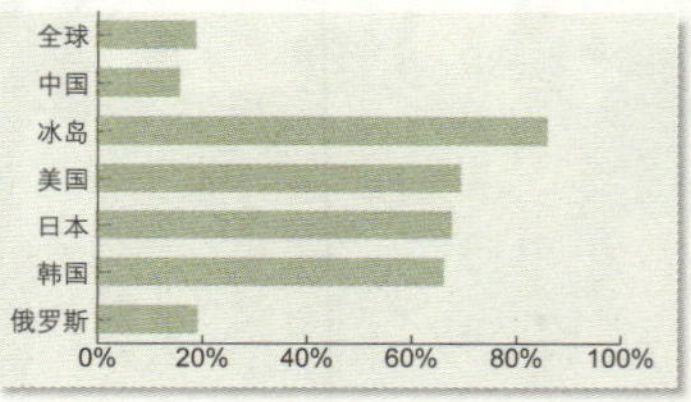

## 邮政与电信

中国的邮政通信网以首都北京和主要城市为中心沟通广大城乡。一个覆盖全国，以光缆为主、卫星和数字微波为辅的大容量高速率的电信基础传输网络现已建成。到2007年底，全国光缆线路长度达到574万公里。这个光缆骨干网连接全部省会、自治区首府城市和90%以上的县市；在沿海和内地经济较发达地区，光缆已经通到乡镇，成为信息传递的主要技术手段。与此同时，中国还参与了多条国际陆地光缆和海底光缆的建设，其中全长27000公里的亚欧陆地光缆乃由中国发起建设，东起中国上海，西至德国法兰克福，途经20个国家，为目前世界上最长的陆地光缆系统。现在，与中国开通电信业务的国家和地区已达到200多个。

**通信能力**

**光缆线路长度**：574万公里
其中长途光缆77.4万公里
**互联网宽带接入端口**：
8539.2万个
**互联网国际出口带宽**：
368927M
**固定电话普及率**：
27.8部/百人
**住宅电话普及率**：
21.1部/百人
**移动电话普及率**：
41.6部/百人
**已通电话的行政村比重**：
99.5%

中国邮政特快专递 EMS

**.CN域名数量**

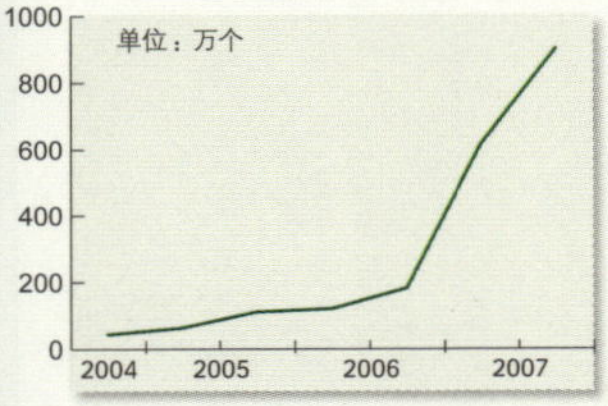


**网站数量**

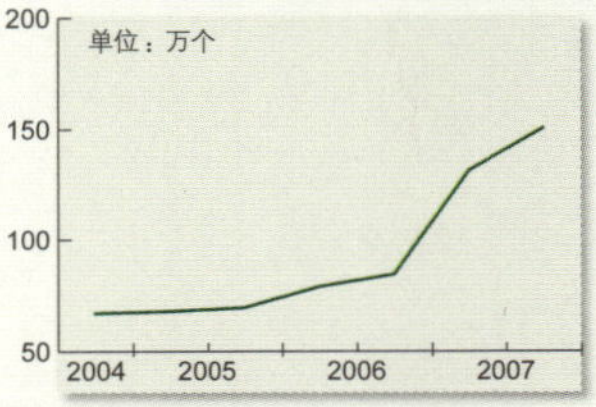


注：数据不包含.edu.cn下网站数据。

**博客用户与空间**

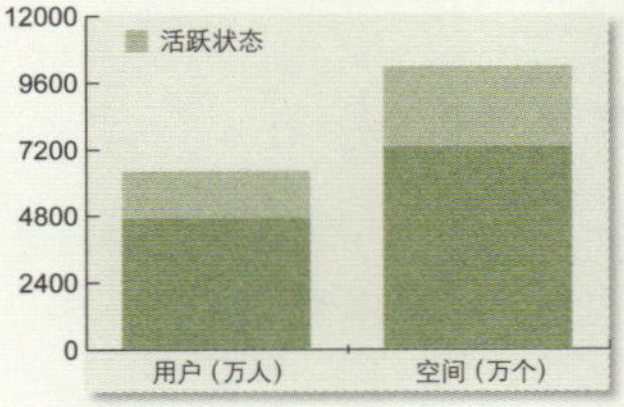

# 交通运输业

## 公路

公路是中国重要的交通基础设施。北京、上海与其他直辖市和所有省会、自治区首府等大城市均以高速公路为主的高等级公路相通，由公路贯通和连接的城市总数超过 200 个。到 2007 年底，全国公路总里程达到 358.4 万公里，其中高速公路 5.39 万公里，居世界第二位。2007 年，总长度约 3.5 万公里的“五纵七横”12 条中国国道主干线系统已全部建成；还建成高速公路近 8300 公里，并新建、改建农村公路 42.3 万公里。

2005 年初，《国家高速公路网规划》由国务院审议通过，该规划的实施最终可以形成一个“首都连接省会、省会彼此相通、连接主要城市、覆盖重要县市”的国家高速公路网络。该网络总规模大约为 8.5 万公里，包括七条首都放射线，即北京—上海、北京—台北、北京—港澳、北京—昆明、北京—拉萨、北京—乌鲁木齐、北京—哈尔滨。到 2010 年，中国计划新建高速公路 2.4 万公里，国家高速公路网将基本形成。

公路示意图

运输总运量

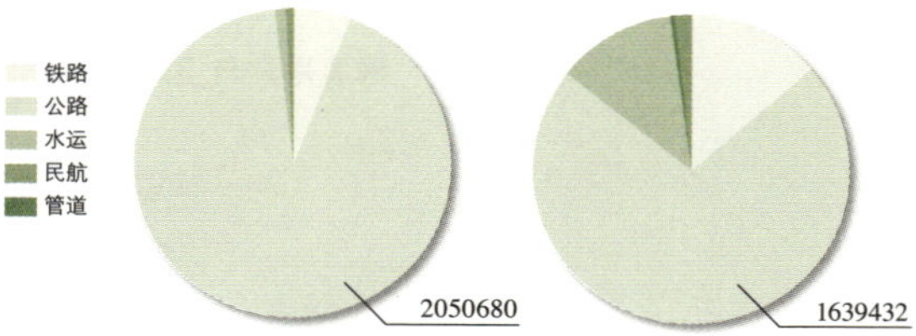


客运量（万人） 货运量（万吨）

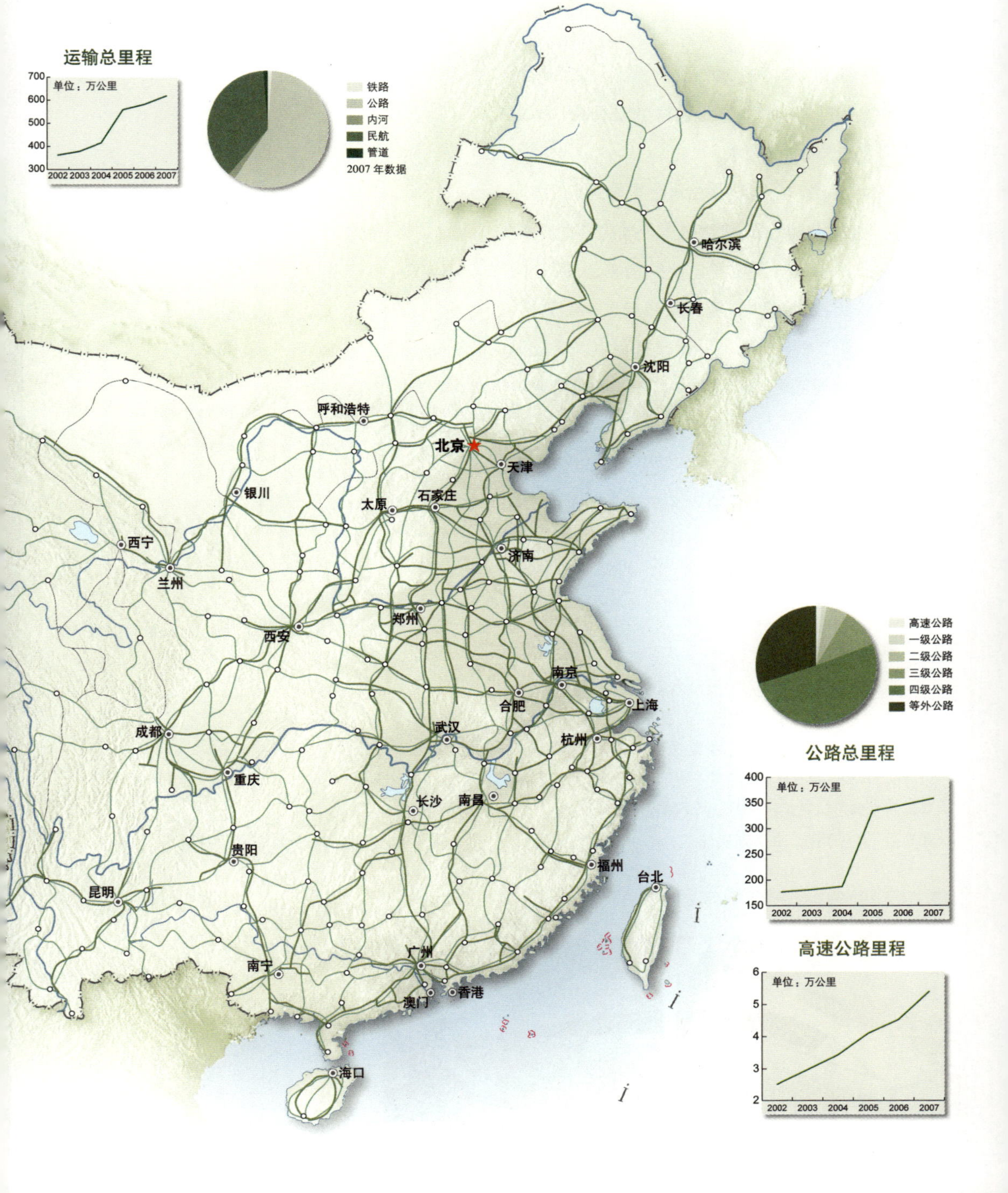
运输总里程
单位：万公里
700
600
500
400
300
2002 2003 2004 2005 2006 2007
铁路
公路
内河
民航
管道
2007 年数据
北京
天津
哈尔滨
长春
沈阳
呼和浩特
银川
太原
石家庄
济南
西宁
兰州
郑州
西安
南京
合肥
上海
成都
武汉
杭州
重庆
长沙
南昌
贵阳
福州
台北
昆明
广州
南宁
香港
澳门
海口
高速公路
一级公路
二级公路
三级公路
四级公路
等外公路
公路总里程
单位：万公里
400
350
300
250
200
150
2002 2003 2004 2005 2006 2007
高速公路里程
单位：万公里
6
5
4
3
2
2002 2003 2004 2005 2006 2007

## 铁路

中国的铁路占世界铁路总营业里程的 6%，却完成了世界铁路 25% 的工作量，成为世界上完成铁路运输量最大的国家之一，也是运输量增长最快、运输设备利用效率最高的国家。

到 2007 年底，全国铁路总营业里程达到 7.8 万公里，其中电气化里程 2.44 万公里，成为继俄罗斯、德国之后的世界第三大电气化铁路国家。2007 年，中国新建铁路投产 678 公里、复线投产 480 公里、电气化铁路投产 938 公里。根据国务院审议通过的《中长期铁路网规划》，到 2020 年，中国铁路营业里程将达到 10 万公里。

中国的特快列车最高时速已提高到 130 公里至 200 公里，主要干线的部分路段客车最高时速达 250 公里。

### 青藏铁路

青藏铁路于2006年7月1日投入运行。它的建成刷新了一系列世界铁路的历史纪录：海拔最高的高原铁路——经过海拔4000米以上地段960公里，最高点海拔5072米；最长的高原铁路——全长1956公里；穿越冻土地段时速达到100公里，这是目前火车在世界高原冻土铁路线上的最高时速。

中国的高速列车："和谐号"

青藏铁路

铁路示意图

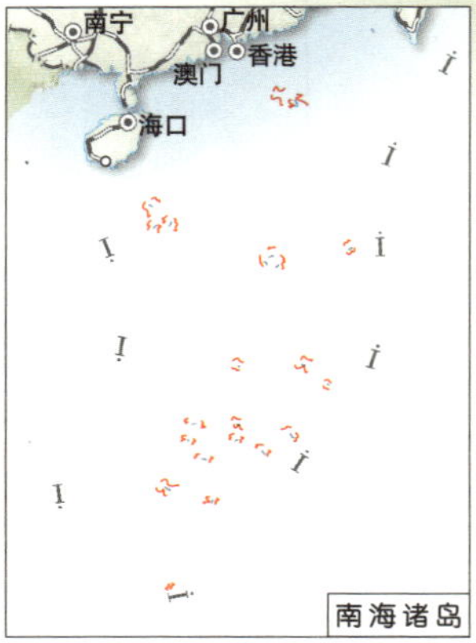

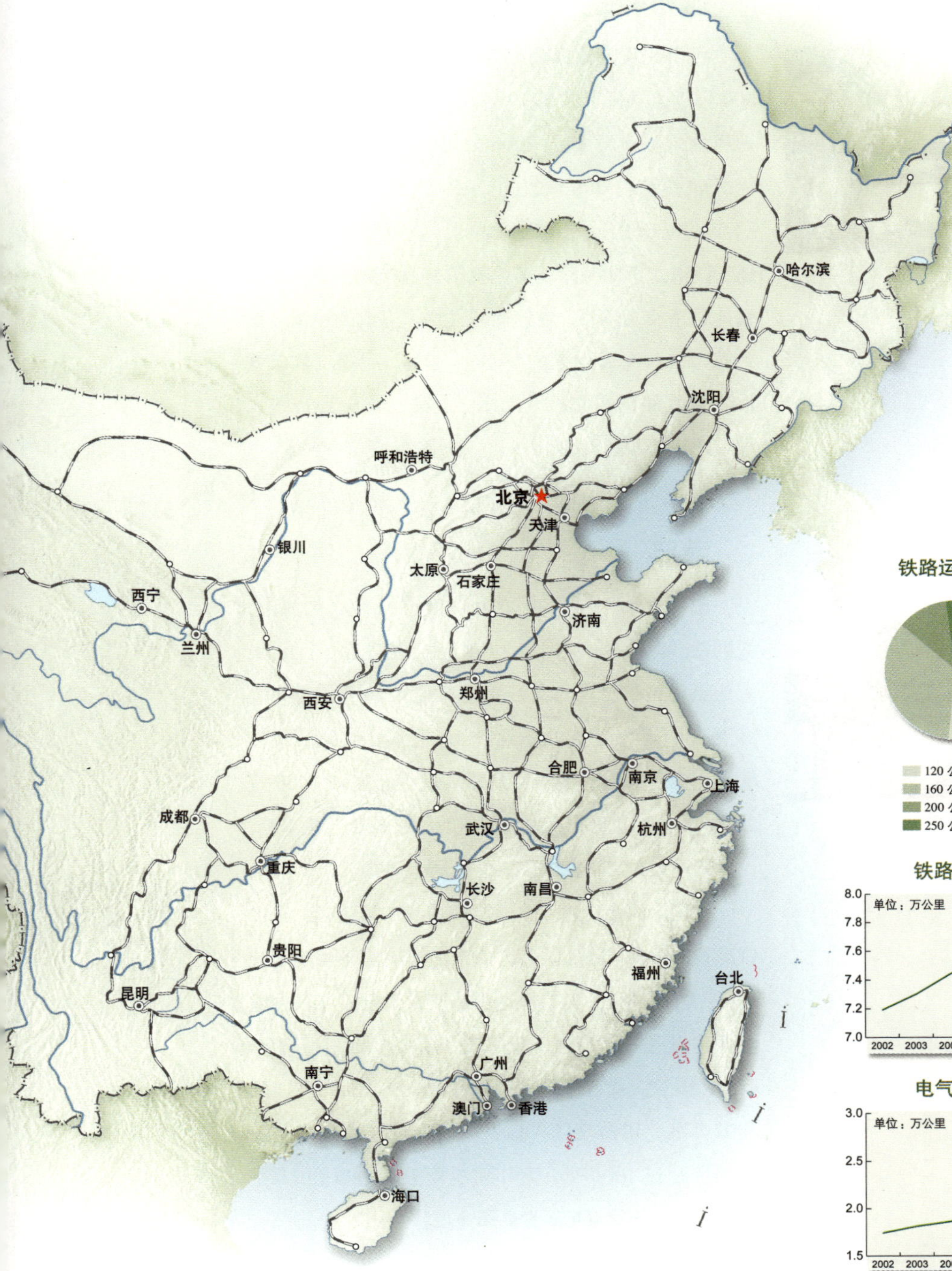


铁路运行速度

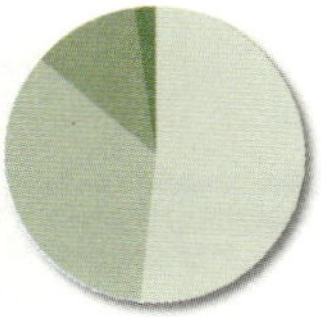


铁路总里程

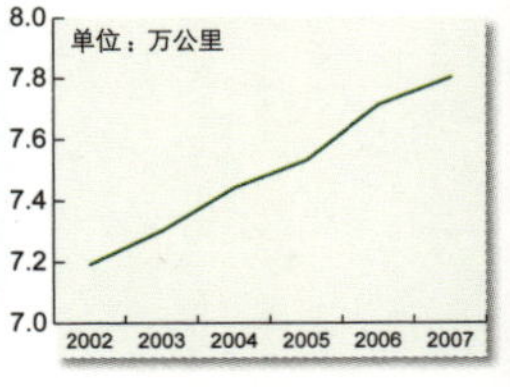


电气化铁路

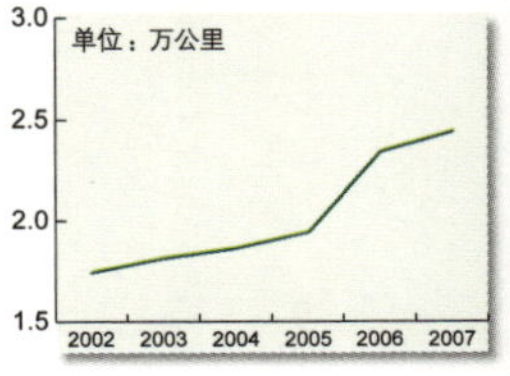

## 城市轻轨

上海磁悬浮列车

今后几年，国家规划建设城市轨道交通500—600公里，总投资约1700亿元。预计到2010年，全国将建成轻轨线路约1000公里；到2020年，将建成轻轨线路约2000公里；2050年前，将全部建成约4500公里的轻轨线路。届时，城市轻轨铁路将与地下铁道、市郊铁路及其他轨道交通构成一个城市的快速轨道交通体系，它们互联互通，完成的运量可达到城市公共交通运量的50%至80%。目前，数条城市轻轨线路已在北京、天津、上海、重庆等一些大城市建成并投入使用。

## 港口

广州南沙港

中国有13个港口年吞吐量超过亿吨，上海港、深圳港、青岛港、天津港、广州港、厦门港、宁波港、大连港等港口已进入集装箱港口世界50强。其中上海港2007年货物吞吐量达到5.6亿吨，连续三年位居世界第一大港。中国的商船队规模已突破6000万载重吨，位居世界第四；造船吨位达到1452万载重吨，占世界造船市场份额的19%，位居世界第三。

中国沿海港口建设重点围绕煤炭、集装箱、进口铁矿石、粮食、陆岛滚装、深水出海航道等运输系统进行，特别加强了集装箱运输系统的建设。煤炭运输系统建设进一步加强，新建成一批煤炭装卸船码头。同时，改建、扩建了一批进口原油、铁矿石码头。到2007年底，沿海港口共有泊位3800多个，其中万吨级泊位超过1000个；全年完成集装箱吞吐量11179万标准箱，连续五年居世界第一位。

## 港口示意图

通航河段
主要沿海港口
主要内河港口
每 1 亿吨吞吐量

未包括港澳台地区。

北京首都机场 T3 航站楼

## 民航

中国民用航空航线现有 1506 条。其中国内航线 1216 条，通航国内各大中城市；国际航线 290 条，通航世界五大洲的 91 个城市。中国已与 106 个国家签订航空运输协定，其中有 51 个国家的 93 家航空公司飞行中国大陆 31 个城市。到 2007 年底，中国民用航班飞行机场达到 152 个，全年完成旅客运输量 18576.2 万人、货物运输量 401.9 万吨。

中国的民航公司以国营为主，但民营与中外合资航空公司近年来受到政府支持，目前已有 5 家民营航空公司和 6 家中外合资航空公司投入运营。

国内航线示意图

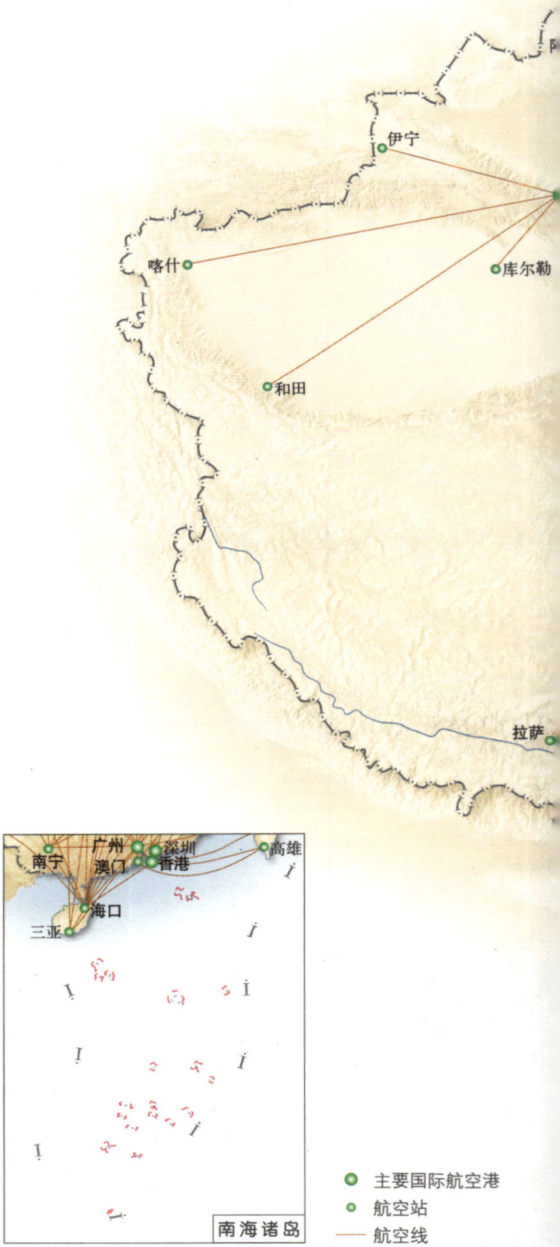


民用航空里程

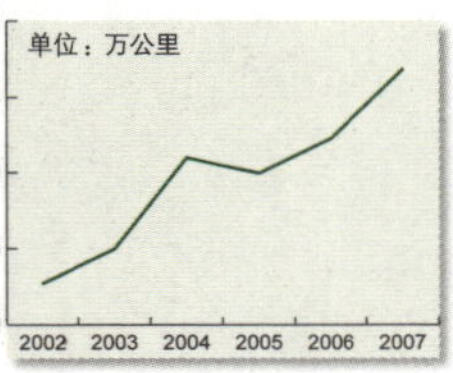


航空乘客数量

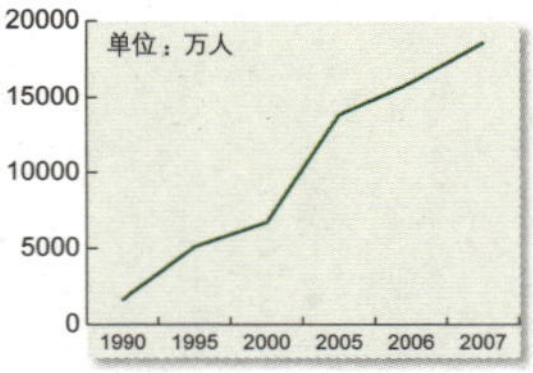

黑河
呼伦贝尔
齐齐哈尔
佳木斯
乌兰浩特
哈尔滨
牡丹江
长春
锡林浩特
通辽
沈阳
呼和浩特
北京
天津
大连
银川
太原
石家庄
烟台
西宁
兰州
济南
青岛
西安
郑州
南京
合肥
上海
成都
武汉
黄山
杭州
宁波
重庆
南昌
温州
长沙
贵阳
福州
台北
昆明
桂林
厦门
澎湖
汕头
广州
深圳
南宁
高雄
澳门
香港
海口
三亚

## 主要国际航线示意图

斯德哥尔摩
哥本哈根
阿姆斯特丹
伦敦
布鲁塞尔
柏林
莫斯科
巴黎
法兰克福
慕尼黑
维也纳
米兰
马德里
至圣保罗
罗马
伊尔库茨克
乌兰巴托
乌鲁木齐
北京
贝鲁特
巴格达
德黑兰
平壤
首尔
釜山
大阪
开罗
科威特
福冈
广岛
上海
利雅得
卡拉奇
新德里
迪拜
昆明
广州
厦门
加尔各答
孟买
河内
香港
喀土穆
仰光
曼谷
马尼拉
吉布提
亚的斯亚贝巴
吉隆坡
新加坡
雅加达
达尔文

安克雷奇
温哥华
西雅图
芝加哥
纽约
华盛顿
圣弗朗西斯科
(旧金山)
洛杉矶
利马
里约热内卢
圣保罗
经马德里到北京
苏瓦
帕皮提
奥克兰
圣地亚哥
布宜诺斯艾利斯

# 金融与保险

## 金融体系

中国已经基本形成由中央银行调控和监督、国家银行为主体、政策性银行与商业性银行分工、多种金融机构功能互补的金融体系。中国人民银行行使中央银行职能，不办理信贷和储蓄业务，对全国金融业进行宏观调控和监督；中国工商银行、中国银行、中国农业银行和中国建设银行为国有商业银行；中国农业发展银行、国家开发银行、中国进出口银行为政策性银行。国有独资商业银行还陆续增设和重组120多家股份制中小商业银行，并进一步规范和发展了证券类和保险类金融机构。2006年新成立的中国邮政储蓄银行，与其他商业银行形成互补关系，以零售业务和中间业务为主，为城市社区和广大农村居民提供基础金融服务。

2003年4月，中国银行业监督管理委员会（简称中国银监会）正式挂牌，形成了银监会、证监会和保监会分工明确、互相协调的金融监管体制。到2007年底，中国全部金融机构人民币和外币各项存款余额达401051亿元，人民币和外币各项贷款余额277747亿元。

中国人民银行

## 货币及汇率

人民币是中国法定货币，由中国人民银行统一发行和管理。人民币汇价由中国人民银行制定，国家外汇管理局对外发布，并由国家外汇管理局行使外汇管理职权。

通过对外汇体制进行改革，中国先后实现了人民币汇率并轨，实行了银行结售汇制度，建立了统一的银行间外汇市场，将外商投资企业的外汇买卖纳入银行结售汇体系，并于 1996 年 12 月 1 日正式接受国际货币基金协定第八条款，提前实现了人民币经常项目可兑换。同时，中国还积极参加和推动了东盟与中日韩（10 + 3）的双边货币互换等金融合作。到 2007 年底，中国外汇储备达 15282 亿美元；中国在国际货币基金组织的份额，从原来的第八位提高到第六位。中国的金融业务品种也在不断增加，推出了诸如消费类信贷、证券投资基金、投资联结保险等一批与国际现代金融业务品种接轨的新业务。

银行林立的上海浦东陆家嘴金融贸易区

100元人民币兑美元汇率

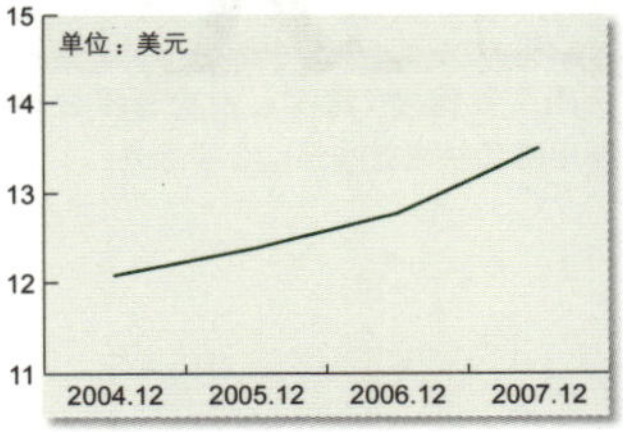


### 中国商业银行在海外

1980年，中国恢复了世界银行成员国地位，重返国际货币基金组织。1984年，中国与国际清算银行建立了业务联系；1985年正式加入非洲开发银行；1986年正式成为亚洲开发银行成员。截至2007年6月底，中国主要商业银行已在近30个国家和地区设立110多家分支机构，开展国际信贷业务。

### 外资银行在中国

截至2007年底，中国已有外资法人银行26家，下设分行125家、支行160家；外国银行分行117家，下设支行9家。中国银监会已经批准了21家外资银行将其中国境内分行改制为法人银行，其中17家已经陆续完成改制并开始营业。目前已有6家外资法人银行获准经营人民币业务，5家外资法人银行获准经营银行卡业务。

中国的股民

中国平安保险（集团）股份有限公司是中国最早成立的保险公司之一

## 证券

1990 年和 1991 年，中国在上海和深圳分别建立了证券交易所。短短十余年，股票市场从小到大，从无序到有序，走过了许多国家需要上百年经历的路程。中国股市推动了国有企业改革和体制转换进程，并使两种体制间的平稳过渡成为现实。对国民而言，储蓄存款不再是唯一的理财方式，股市已经成为最重要的投资渠道之一。

上海和深圳交易所已成为股票市场的龙头，遍布全国各地的证券交易和结算网络系统，实现了无纸化发行与交易，主要技术手段已达到世界先进水平。据 2007 年的统计，全国拥有上市公司 1550 家，股票市场总值 327141 亿元；全年共发行 A 股股票 283 只，配股股票 7 只，筹资 7728 亿元；发行 H 股股票 14 只，筹资 704 亿元。

## 保险

中国保险业在经历了 20 年的停顿之后，于 1980 年开始恢复。1981 年中国人民保险公司从政府的一个部门改制成为专业公司，并建立了从总公司到省、自治区、直辖市分公司和县支公司的机构。1988 年建立了以沿海地区为主要区域活动的平安保险公司和太平洋保险公司；2003 年又分别成立了中国人民财产保险股份有限公司和中国人寿保险股份有限公司。1995 年《保险法》的颁布和 1998 年中国保险监督管理委员会的成立，为保险市场的运作提供了法律依据和运行规则。到 2007 年，全国共有保险公司 110 家，全年保费收入 7036 亿元，赔款及给付 2265 亿元。

中国保险业积极探索和开拓国际市场，已在东南亚、欧洲和北美等地区设立了 43 个保险营业机构和 9 个保险代表处。

**股市市值**

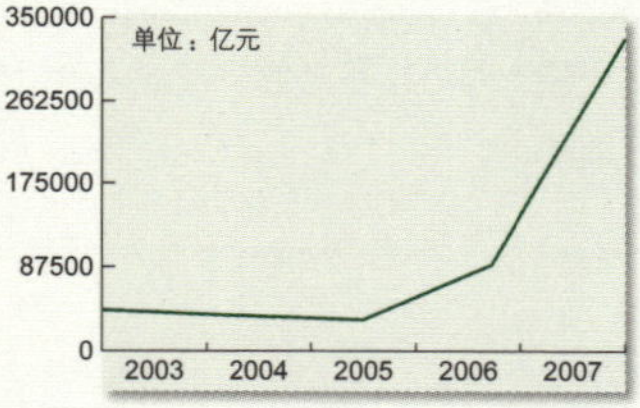


**上市公司数量**

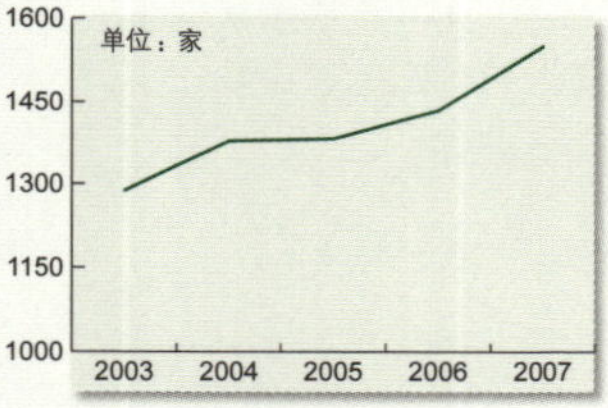


**股民和基民数量**

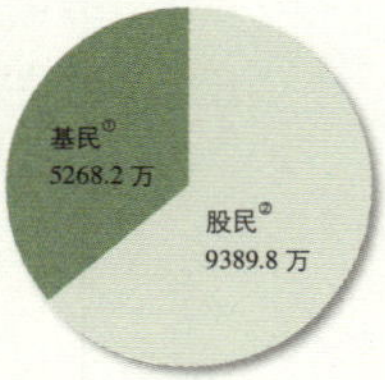


① 2007 年 9 月 4 日数

② 2007 年 6 月底 A 股账户数

# 旅游业

## 旅游市场

目前，中国已形成世界上规模最大、增速最快、潜力最强的入境旅游市场。2007 年，中国入境旅游人数达 13187 万人次，其中外国人 2611 万人次，为世界第四大入境旅游接待国；旅游外汇收入 419 亿美元，居世界第六位。国内旅游达 16.1 亿人次，国内旅游收入达 7771 亿元。

中国也是世界上增长最快的客源输出国，为亚洲第一大出境旅游市场。目前，中国已批准开放的公民自费可以前去的旅游目的地国家和地区有 134 个；在可以正式成行的 91 个旅游目的地国家和地区中，包括美国和 30 多个欧洲国家。中国公民出境旅游人均消费已成为世界最高的国家之一。

据世界旅游组织预测，到 2020 年，中国将成为世界第一大旅游目的地国家和第四大客源输出国，每年将有 1 亿中国人前往国外度假。2007 年 11 月，

北京八达岭长城

入境旅游人数

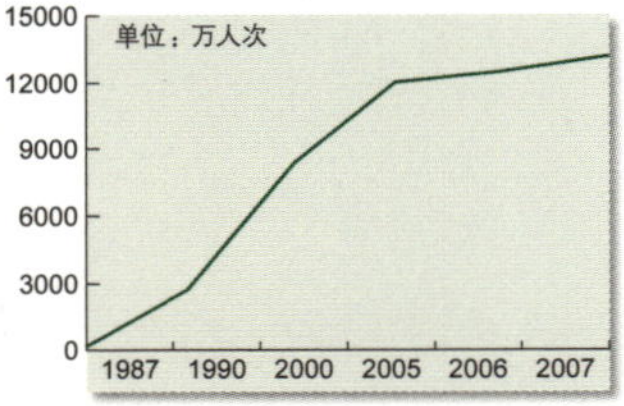


国际旅游外汇收入

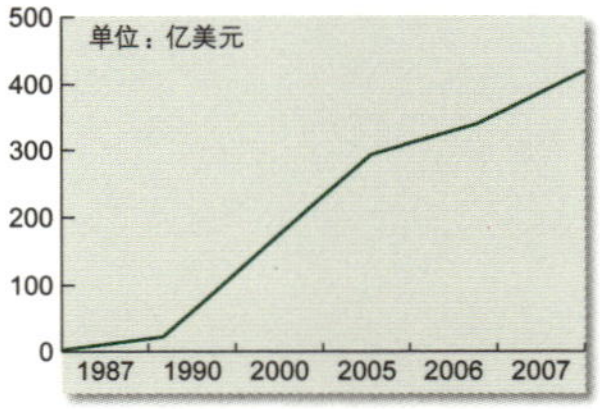


出境旅游人数

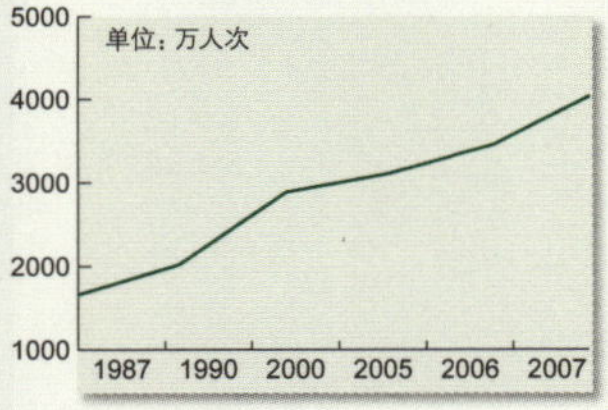


出境旅游人均消费

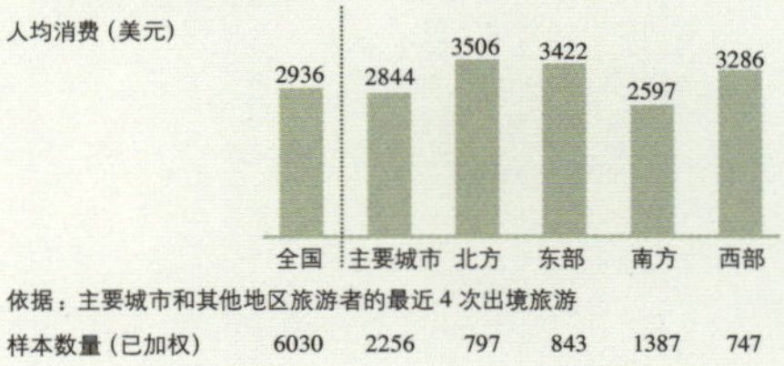


换算规则：1 美元 =7.02 人民币（2008 年 4 月 1 日汇率）
总消费金额包括准备旅游和旅游期间发生的费用。旅游者在购物方面的平均消费是 800 美元。
数据来源于尼尔森中国公民出境游监测报告，仅供参考。

联合国世界旅游组织（UNWTO）第十七次全体大会一致通过将中文列为世界旅游组织官方语言。

搭乘皇家加勒比海国际游轮“海洋迎风号”抵达韩国济州岛的中国游客。

## 旅游服务

中国的民航、铁路、内河及海洋客运、公路交通事业发展迅速，为海外旅游者来华以及在中国旅游提供了交通保证与方便。为满足不同层次旅游者的需要，全国新建、改建和扩建了一大批宾馆饭店，目前共有星级饭店一万多家。各大中城市和旅游景点都有设备齐全、服务周到的饭店接待国内外游客。

中国现有国际旅行社约 1700 家，仅北京、上海、天津、重庆四个直辖市就有 300 多家。2003 年 6 月 12 日，国家旅游局和商务部联合颁布《设立外商控股、外商独资旅行社暂行规定》。第一家进入中国市场的外商独资旅行社——日航国际旅行社（中国）有限公司，是一家主要经营日本游客入境旅游的公司。中国首家由外方控股的旅游企业是中旅途易旅游有限公司，该公司的控股方是 MB 中国投资有限公司和欧洲最大的旅游集团 TUI，中方合作企业为拥有 300 多家地方中国旅行社组成其销售网络的中国旅行社总社。

### 旅游资源

中国的国土上自然人文景观众多， 其中有被《列入世界遗产名录》的6处世界自然遗产、25处世界文化遗产、4处世界文化和自然遗产，还有110座已有上千年历史的文化名城。中国有56个民族，民风民俗各异，尤以少数民族居民较多的云南、贵州、四川、广西、湖南、湖北和甘肃、宁夏、西藏、内蒙古、新疆最为丰富多彩。

广西桂林的漓江风光

## 主要旅游线路

### 神州精华游

——北京、陕西、上海、广东，观赏这四个省市的人文景点。

### 中华健身游

——上海、江苏、河北、陕西，以参观体验中医的针灸、按摩，以及学习太极拳、太极剑、保健功等为主要内容。

### 长城游

——北京、河北、宁夏、甘肃，以观赏北京及三省区境内保存完好的长城景观为内容。

### 宗教文化游

——以游览著名宗教寺院为内容，包括北京、山西、安徽、浙江、四川、湖北、青海、西藏等地。

### 海韵湖光度假游

——以中国12个国家旅游度假区为核心旅游区，包括海南三亚、山东青岛、辽宁大连、广西北海、福建莆田、昆明滇池、福建武夷山等。

### 冰雪风光游

——辽宁、黑龙江、吉林，主要观赏那里的雾凇、冰灯、冰雕以及民族风情，可以滑雪。

### 丝绸之路游

——乌鲁木齐、西宁、银川、兰州、西安，沿古老的“丝绸之路”主线旅游。

### 中原民俗游

——山西、河南、山东、北京，以观光民俗村落、景点为内容。

## 西南少数民族风情游

——云南、贵州、广西、四川，以观光少数民族风俗、村落、景点为内容。

## 长江三峡游

——重庆、四川、湖南、湖北，以观光三峡地区著名自然与人文景观为内容。

## 江南水乡游

——浙江的杭州、嘉兴、绍兴，江苏的南京、扬州、无锡、苏州等地，以体验中国南方水乡风情为内容。

## 黄河风情游

——青海、甘肃、宁夏、山西、内蒙古、河南、山东，以观光著名自然与人文景观为内容。

## 奇山异水游

——福建、广西、安徽、贵州、湖南、吉林、四川，以观光著名自然景观为内容。

# 环境保护

环境保护法制和体制

环保事业的新变化

空气治理

水污染治理

荒漠化治理

森林资源保护

自然保护区

拯救濒危动植物

国际环境合作

# 环境保护法制和体制

中国宪法明确规定："国家保护和改善生活环境和生态环境，防治污染和其他公害。"二十世纪八十年代，中国政府把环境保护确立为一项基本国策。1989 年，首部《环境保护法》正式颁布。迄今为止，全国人大和国务院共颁布了 9 部环境保护法律、15 部自然资源保护法律和 50 余项环境保护法规，国务院有关部门出台了 100 多部全国性环境保护规章，地方人大和地方政府制定了 1000 多件地方性环境保护法规，环境保护法律体系日趋完善。此外，中国也已建立国家和地方环境保护标准体系。国家环境保护总局正式升格为国家环境保护部。

中国实行各级政府对当地环境质量负责，环境保护行政主管部门统一监督管理，各有关部门依照法律规定实施监督管理的环境管理体制。国家建立了全国环境保护部际联席会议制度，并建立了区域环境督查派出机构，以加强部门和地区间的协调与合作。

西路、中路、东路南水北调示意图

单位GDP能耗（仅供参考）

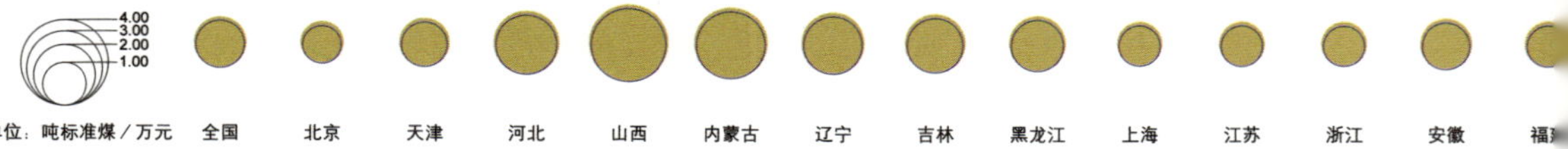

## 概述信息

**2007年水资源总量：**
24696亿立方米

**年人均用水量：**
439立方米

**年人均水资源：**
1873立方米

**城市污水处理率：**
59.0%

**单位GDP能耗：**
1.21吨标准煤／万元

**生活垃圾无害化处理率：**
52.15%

**人均公园绿地面积：**
8.30平方米

**森林覆盖率：**18.21%

**天然湿地面积：**
3620万公顷

**全国森林面积：**
17491万公顷

**自然保护区面积：**
15188万公顷

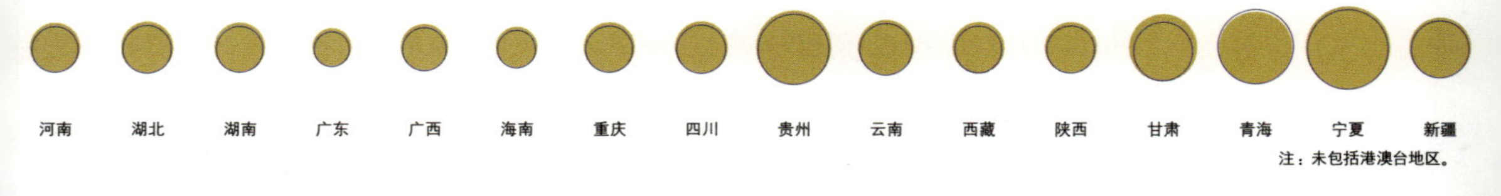


注：未包括港澳台地区。

北京菖蒲河公园

为保护环境，市民购物改用布口袋。

环境治理投资

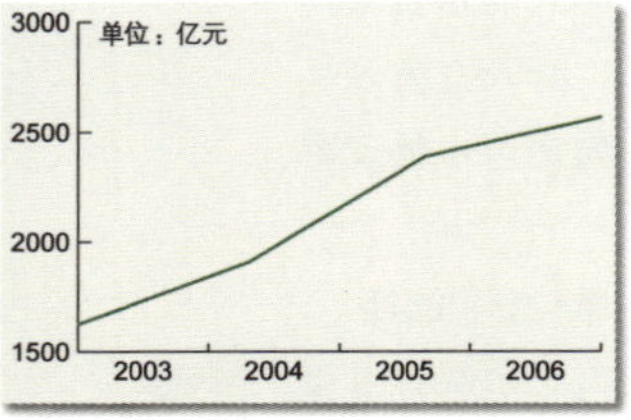


# 环保事业的新变化

环境法律体系日趋完善，使传统的环保模式发生改变。过去的末端治理和事后管理，正转变为现在的全程监控。1998年，中国政府颁布实施《建设项目环境保护管理条例》，明确提出环境影响评价制度，以及建设项目环境保护设施同时设计、同时施工、同时投产使用的制度。2003年开始实施的《中华人民共和国环境影响评价法》，将环境影响评价制度从建设项目扩展到各类开发建设规划，并要求对可能造成不良影响的规划或建设项目，应通过举行论证会、听证会或采取其他形式，征求意见。

中国环保事业的主体也开始呈现出多元化的格局。企业界、科技界和非政府组织广泛参与，形成了“政府主导、企业拉动、公众参与、科技支撑、法律规范、市场调节”的态势。民间组织和环保志愿者已成为环境保护公众参与的重要力量，中国目前有非政府环保组织1000余家。

# 空气治理

经过多年来对污染坚持不懈的治理，全国空气质量已经好转。2007年全国二氧化硫排放总量下降了4.66%。2007年11月，国务院发布了《国家环境保护“十一五”规划》，该规划提出，要积极实施环境监管能力建设工程，控制温室气体排放，到2010年，二氧化硫排放将得到基本控制。

# 水污染治理

《国家环境保护“十一五”规划》提出：让不堪重负的江河湖泊休养生息，把保障城乡人民饮水安全作为首要任务。2007年，国家投入数十亿元资金，全面启动“水体污染控制与治理”项目，突出饮用水安全、流域性环境治理和城市水污染治理三大重点；加强农村饮水安全工程建设，争取尽快解决三亿农村人口存在的饮水不安全问题。

从2003年度起，国家环保总局开始每年向社会公布全国重点流域、海域水污染防治工作年度进展情况。由于数年来的有效治理，一些污染严重的重点流域水环境已明显改善；黄河连续六年实现不断流。为了保证三峡库区

### 节能减排

2006—2010年，国家计划将单位GDP能耗降低20%，主要污染物的排放总量减少10%，这是具有法律效力的约束性指标。为此，2007年国家加快推进产业结构调整，遏制高耗能、高排放行业过快增长；加快实施十大节能重点工程，开展了千家企业节能行动等。

2007年在全国范围内兴起了"节能减排全民行动"，倡导全民参与节能减排。在节能全民行动中，各地政府机关作为表率，实施"绿色办公"，从少用一次车、少用一张纸、节约一度电等小事做起，带动全民认真履行"节能义务"。

水环境安全，政府计划在2001年至2010年的十年间，投入约400亿元巨资防治三峡库区及其上游的水污染。

新疆是中国风力资源最丰富的地区之一

## 荒漠化治理

中国438万平方公里的荒漠化和沙化土地面积大大超过全国耕地面积的总和，约占国土面积的45%。经过连续数年的努力，荒漠化和沙化治理已取得明显成绩。国家林业局于2003年11月至2005年4月进行了第三次全国荒漠化和沙化监测，监测结果显示：中国荒漠化和沙化土地面积实现自1949年新中国成立以来的首次双缩小，整体扩展趋势得到初步遏制。

根据国家林业局实施的一项全国性防沙治沙计划，到2010年，将基本遏制沙化的扩展趋势。

中国积极推广新技术利用太阳能

图为浙江新建的污水处理厂

甘肃民勤人民用压麦草、栽梭梭的方法，固沙压沙。

森林覆盖率

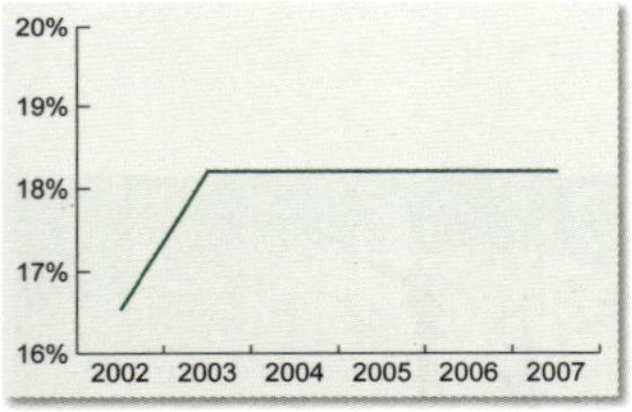


# 森林资源保护

自上世纪五十年代以来，中国创造了世界人工造林的奇迹。目前，中国人工造林保存面积达 5745 万公顷，居世界首位，森林覆盖率为 18.21%。在世界森林资源持续下降的趋势中，中国保持了森林面积和蓄积量双增长，被联合国环境署列为世界上保留森林最多的十五个国家之一。一项有效保护森林资源的措施是 1998 年开始启动的天然林保护工程，该工程要求在全国范围内停止砍伐天然林。在多个地区，昔日的伐木工人如今变成了护林人。

# 自然保护区

中国第一个自然保护区为 1956 年划定的广东肇庆鼎湖山自然保护区。到 2007 年底，全国共建立各种类型、不同级别的自然保护区 2531 个，其中国家级自然保护区 303 个，全部保护区占国土面积的 15.0%。这些自然保护区使全国 88%的陆地生态系统类型、87%的野生动物种群、65%的高等植物群落、近 20%的天然林、50%的沼泽湿地，以及国家重点保护的 300 多种珍稀濒危野生动物的主要栖息地和 130 多种珍贵树木的主要分布地得到有效保护。

2000 年 8 月设立的三江源自然保护区是中国面积最大（总面积 3160 万公顷）、海拔最高（平均海拔 4000 多米）、生物多样性最集中的保护区。该保护区地处青藏高原腹地，位于长江、黄河和澜沧江的源头地区。2003 年启动的“三江源保护工程”全部由国家投资，投资额约 2.2 亿元。自然保护区最多的省份是广东，有 299 个，面积达到 344 万公顷。四川的卧龙和九寨沟、吉林的长白山、广东的鼎湖山、甘肃的白水江等 27 处自然保护区，被联合国教科文组织列为“世界生物圈保护区”。

# 拯救濒危动植物

中国野生动植物资源丰富，拥有世界上最多的鸟类种数，裸子植物种类也居世界首位，为生物多样性最丰富的国家之一。但中国的生物多样性正面临着严峻形势，有 15% 至 20% 的高等植物属濒危物种，与之关联的 4 万种生物的生存受到威胁。

作为《生物多样性公约》较早的缔约国之一，中国一直积极参与有关公约的国际事务，就国际履约中的重大问题发表意见。中国还是世界上率先完成公约行动计划的少数国家之一。完成于 1994 年的《中国生物多样性保护行动计划》，使大量保护生态环境的活动有章可循。依据《野生动物保护法》，破坏野生动物资源的犯罪行为一律受到严厉处罚。

政府有关部门重视对生物资源的有效保护，全国已建立野生植物种质资源保育或基因保存中心 400 多处，使上千种野生植物建立了稳定的人工种群。拯救濒危野生动物工程也初见成效，全国已建立 250 个野生动物繁育中心，专项实施大熊猫、朱鹮等七大物种拯救工程。

神农架自然保护区

江苏盐城生物圈保护区

## 湿地保护

中国现有湿地6594万公顷，其中天然湿地3620万公顷，湿地总面积居亚洲第一位、世界第四位。按照湿地公约对湿地类型的划分，31类天然湿地和9类人工湿地在中国均有分布，是世界湿地类型最丰富的国家之一。自1992年加入《国际湿地公约》以来，中国已建立各类湿地自然保护区535处，使40%的天然湿地以及33种国家重点保护动物在保护区范围得到有效保护。其中有30处被列入国际重要湿地名录，面积达346万公顷。

## 自然保护区

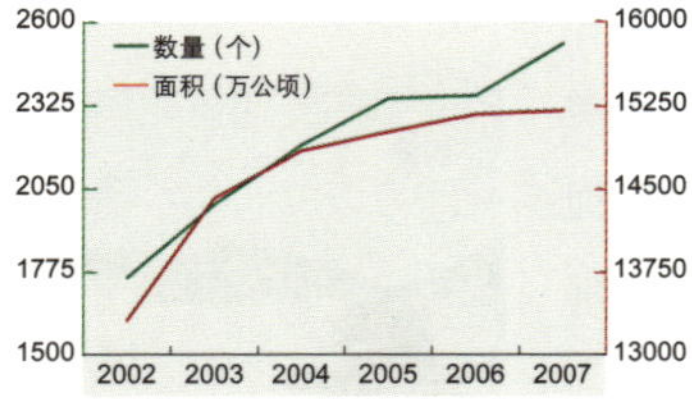

长白山

神农架

九寨沟

武夷山

黄河三角洲

西乌珠穆沁草原

东洞庭湖

可可西里

苍山洱海

西藏玛旁雍错湿地

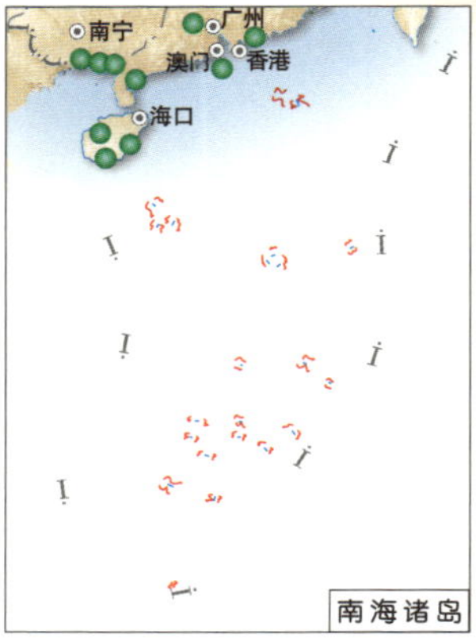


国家级自然保护区
湿地

## 自然保护区及湿地分布示意图

2007 年，在北京召开国际生态卫生大会。

# 国际环境合作

作为环境大国，中国始终以积极的态度参加全球环境活动，并在国际环境事务中发挥建设性作用。迄今，中国共参加了 50 多项涉及环境保护的国际条约，并积极履行这些条约规定的义务。中国政府相继颁布了 100 多项有关保护臭氧层的政策和措施，顺利完成了《关于消耗臭氧层物质的蒙特利尔议定书》规定的阶段性削减指标。

中国在国际上首创了“中国环境与发展国际合作委员会”的模式。该委员会作为政府的高级咨询机构，由 40 多位世界著名人士和专家组成，先后向中国政府提出了许多建设性建议，被国际社会誉为国际环境合作的典范。

中国积极参与和推动区域环境合作，以周边国家为重点的区域合作框架初步形成。如中日韩三国环境部长会议、中欧环境政策部长级对话会议、中亚环境合作、亚欧环境部长会议、中国–阿拉伯国家环境合作会议，以及在上海合作组织框架下开展的环境合作机制等均取得积极进展。

中国保持了与联合国环境规划署、联合国开发计划署、全球环境基金、世界银行、亚洲开发银行等国际组织的良好合作关系，并开展卓有成效的合作。中国先后与美国、日本、俄罗斯等 42 个国家签署了双边环境保护合作协议或谅解备忘录，还与欧盟、德国、加拿大等 13 个国家和国际组织在双边无偿援助项下开展了多项环保领域的合作。

世界各国的民间环保组织，如世界自然基金会、国际爱护动物基金会等，与中国的有关部门和民间组织开展了多领域的合作，取得积极成果。

### 海洋环境保护

中国《海洋环境保护法》对海洋环境的监督管理，海洋环境的调查、监测、监视、评价和科学研究，防治海洋污染工程建设项目和遏制海洋倾倒废弃物对海洋污染损害等方面作了具体的规定。目前，全国已建成各级各类海洋自然保护区90个。这些海洋自然保护区保护了具有较高科研、教学、自然历史价值的海岸、河口、岛屿等海洋生境，保护了中华白海豚等珍稀濒危海洋动物及其栖息地，也保护了红树林、珊瑚礁、滨海湿地等典型海洋生态系统。“渤海碧海行动计划”是近年来清洁海洋的举措之一。

# 教育与科技

欧盟—中国科技合作
EU-China Science and Technology Cooperation
孔子学院
Konfuciova akademie
na Univerzitě Palackého
再穷不能穷教育

教育制度

教育发展

教育规划

国际教育交流

科技发展

科技创新

国际科技合作

社会科学

2007 年中国十大科技进展

# 教育制度

中国实施九年义务教育。上小学前有幼儿园等学龄前教育；义务教育以后有普通高中教育和中等职业教育，以及包括大专以上学历的高等教育。还有各种形式的继续教育。

- 高等教育
  - 研究生、博士生
  - 大学和学院
  - 专科学校、职业技术学院
- 中等教育
  - 中等专业学校（技术学校、师范学校）
  - 职业中学（初中、高中）
  - 普通中学（初中、高中）
- 初等教育及学前教育
  - 小学
  - 幼儿园、学前班
- 成人教育、军队院校、高等教育自学考试、民办高校、宗教学校
- 特殊教育学校（班）
- 继续教育、岗位培训等

清华大学

教育经费

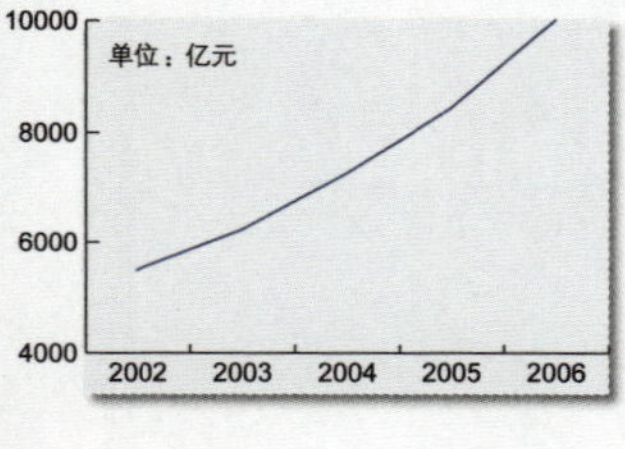


普通高等学校

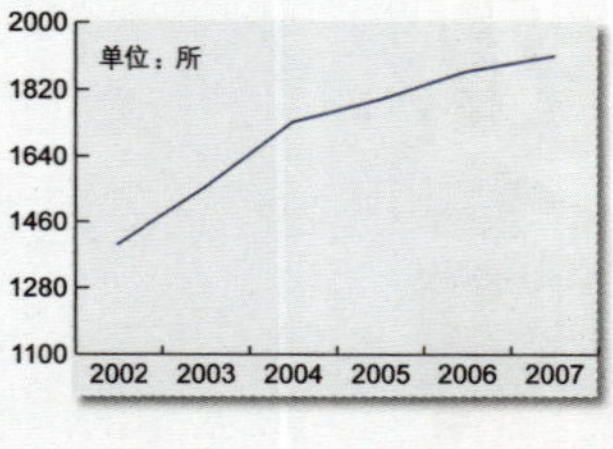


特殊教育学校

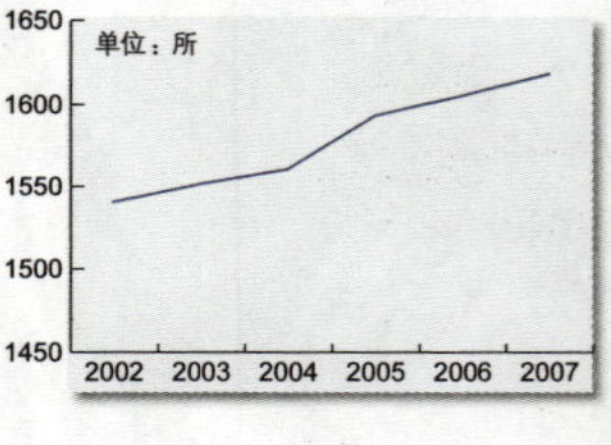

# 教育发展

中国拥有世界上最大的受教育人口群，总数超过 3 亿人。目前，全国的小学净入学率达到 99.5%以上，初中、高中和高等教育阶段的毛入学率分别是 98%、66%、23%；普及九年义务教育的人口覆盖率超过 95%，青壮年文盲率在 4%以下，教育发展达到了中等收入国家的平均水平。

近年来，教育向更深层次和更广范围发展，硕士及硕士以上更高学位的在校生数量持续增长。教育消费市场发展迅速，电脑、外语和各种专业资格认证培训与考试开始普及。继续教育成为时尚，一个终身学习的时代正在到来。

教育发展迅速的一个重要原因是教育投入的明显增长。从 1998 年起，国家财政支出中教育经费所占比例每年递增 1 个百分点以上。按照教育部的一项发展计划，政府将建立与公共财政体制相适应的教育财政制度，强化各

再穷不能穷教育，再苦不能苦孩子。

参加课外活动的小学生

## 民办教育

国家首部《民办教育促进法》于2003年9月1日起正式施行。民办教育的发展，改变了单纯依靠政府办学的传统办学模式，增加了教育的总供给，满足了大批人民群众的受教育需求。截至2007年底，中国共有各级各类民办学校（机构）9.55万所，在校生总规模达2583万人。其中民办普通高校、成人高校295所。

各级学校在校学生

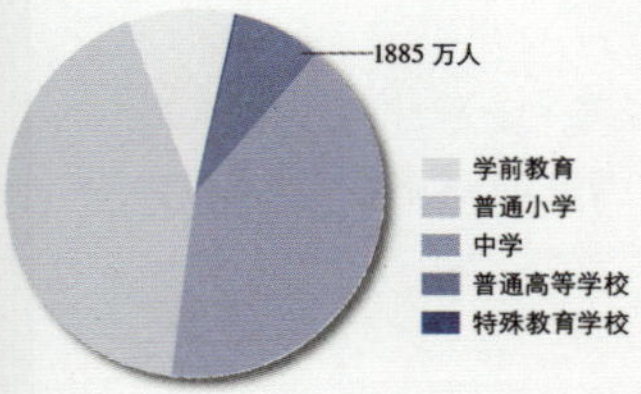


出国留学学生

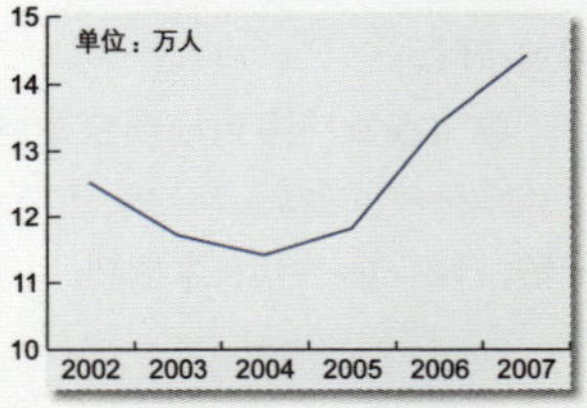


民办教育机构在校生数

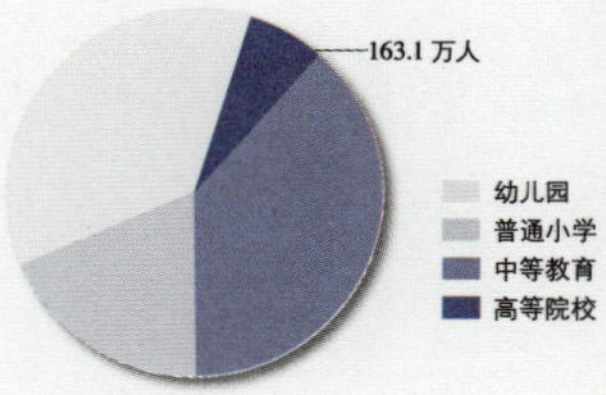

乡村教师

西藏自治区扎囊县吉汝乡第一小学利用电脑进行远程教学

级政府对教育投入的责任，保证国家财政教育拨款的增长高于财政经常性收入的增长。这项计划还提出，政府在教育经费投入方面的目标是争取在较短的时间内实现财政性教育经费占国内生产总值的比例达到 4% 的水平。

中国在非义务教育阶段实行教育成本分担机制，按照教育成本的一定比例向学生收取学费。与此同时，为保证家庭经济困难的学生不因贫困而失学，中国政府实施一系列政策措施，诸如国家助学奖学金制度、勤工助学制度、特殊困难补助制度、学费减免制度、国家助学贷款制度等，有效地保证了家庭经济困难的学生能够顺利完成学业。

## 特殊教育

中国法律法规中对保障残疾人受教育权利作出明确规定：除了设立特殊教育学校外，凡能适应正常学习的残疾少年儿童，都可进入普通中小学随班就读。目前，全国有特殊教育学校1618所，在校生41.3万人；残疾人职业教育培训机构1078个，接受残疾人职业培训的普通机构2257个，57万残疾人接受了职业教育与培训；中等学历职业教育机构145个，在校生11259人。1979年以来，全国有3万多残疾人被普通高等院校录取，接受专科、本科教育。

## 农村教育

从2007年开始，国家免除了农村义务教育阶段学生的学杂费。这项政策还包括对家庭经济困难的学生免费提供教科书，并补助寄宿生生活费。

为了全面实施农村中小学现代远程教育工程，2003年至2007年中央和地方政府共同安排资金100亿元，为中西部地区农村初中建设计算机教室，为农村小学配备卫星教学接收设备、教学光盘播放设备和成套教学光盘，使农村学生能够逐步与城镇学生一样，共享优质教育教学资源，接受信息技术教育。

中央农业广播电视学校是世界上最大的农村远程教育机构，拥有3000所分校。该校运用广播、电视、卫星网络、互联网以及音像教材等教学手段，开展农民实用技术培训。

# 教育规划

政府承诺，在未来十到二十年内为国民提供日渐增多的教育机会，使国民受教育程度显著提高。教育部的一项规划表明，到 2020 年，全国每 10 万人口中，专科及专科以上学历者将达到 1.35 万人左右，高中阶段学历者达到 3.1 万人左右，文盲半文盲比例下降到 3% 以下；人口平均受教育时间接近 11 年，而不是现在的 8.5 年。

按照政府的规划，2010 年将实现基础教育总体水平接近或达到世界中等发达国家水平。此外，在未来 20 年内打造 100 所世界一流大学，是一项 1993 年提出并在实施中的国家规划。为此国家设立了专项资金，重点支持若干所大学进入国际先进行列，获支持的学校达 30 多所。

为满足社会对高素质技能型人才急剧增加的需求，国家正全力建设两大职业教育工程：培训现代制造业、服务业技能型紧缺人才；培训向城镇转移的农村劳动力。

## 希望工程

希望工程是中国青少年发展基金会于1989年发起实施的一项社会公益事业，其宗旨是资助贫困地区失学儿童重返校园，建设希望小学，改善农村办学条件。援建希望小学与资助贫困学生是希望工程实施的两大主要公益项目。

18年来，希望工程募集资金逾35亿元人民币，其中资助贫困学生290多万名，援建希望小学13000多所，捐赠希望书库、希望图书室13000多个，培训乡村教师逾35000名。

2007年5月20日，希望工程全面升级，将对学生的“救助”模式拓展为“救助—发展”模式，更加关注贫困学生的自我发展能力的提高。在原有助学金等经济资助项目的基础上，希望工程面向所有受助学生设计开发了勤工俭学、社会实践等能力资助项目。

希望小学开学了

# 国际教育交流

2007年9月26日，捷克首家孔子学院落户帕拉茨基大学。

中国教育的国际合作与交流活动越来越频繁，与世界各国互派留学生成为合作与交流的主要内容之一。中国是世界上出国留学生最多的国家，1979年以来，有100多万留学生赴100多个国家和地区留学，其中近30万人已学成回国。同时，来中国的外国留学生数量也迅速增长，1979年以来，有来自188个国家的102.6万外国留学人员在中国的 544所大学学习。

目前，学习汉语在世界各国有了更多的需求。从2004年开始，中国在海外设立以教授汉语和传播中华民族文化为宗旨的、非营利性的孔子学院。目前已在64个国家和地区建立了226所孔子学院和孔子课堂，有4000多万人通过各种方式学习汉语；近100个国家的8000多所学校开设了汉语课程。

2008年3月，“第十三届中国国际教育巡回展”在北京举行。

# 科技发展

天津摩托罗拉工厂车间

一百年前，中国完全没有现代科技，懂得微积分的人全国不逾 10 个。到二十一世纪初，中国高技术领域的研究开发水平与世界先进水平的整体差距已明显缩小，60% 以上的技术达到或接近国际先进水平，其中包括原子能技术、空间技术、高能物理、生物技术、计算机技术、信息技术、仿人机器人等。2003 年、2005 年两次载人飞船，以及 2007 年探月卫星的发射成功，标志着中国航天技术的跨越式进步。根据国家月球探测计划，中国将于 2010 年以前向月球发射无人探测装置，2020 年前完成采集月壤样品的工作。

1993 年颁布实施的《科学技术进步法》，全面地规定了中国科技发展的目标、作用、资金来源、科技奖励制度等，成为指导中国科学技术发展的基本法典。2002 年颁布施行的《科学技术普及法》，将普及科学技术、提高公民科学素养规定为一种行为准则，要求全社会实行。全国各省、自治区和直辖市也出台了一系列地方法规，对吸引科技人才、稳定科技投入，发展高科技起到了保障作用。

2006 年 2 月国务院发布的《国家中长期科学和技术发展规划纲要（2006—2020 年）》，确定了未来 15 年力争突破的 16 个重大科技专项，涉及信息、生物等战略产业领域，能源、资源、环境和人民健康等重大紧迫问题，以及大型飞机研发、载人航天与探月工程等。根据规划，到 2020 年，中国科学研究与试验发展经费占国内生产总值的比重将由 2005 年的 1.33% 提高到 2.5% 以上，科技进步贡献率达到 60% 以上。

研究与试验发展经费支出

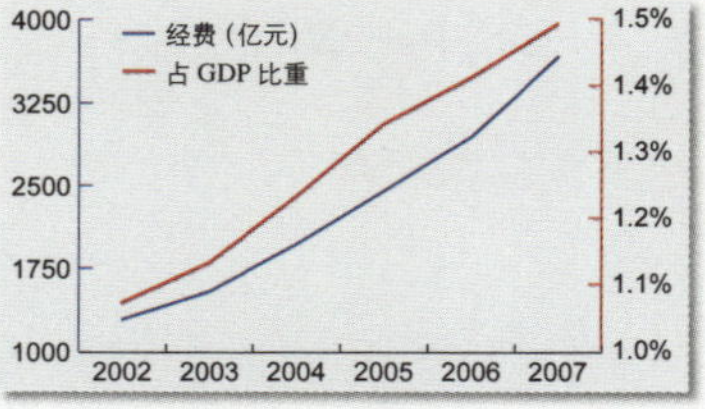


研究与试验发展折合全时人员

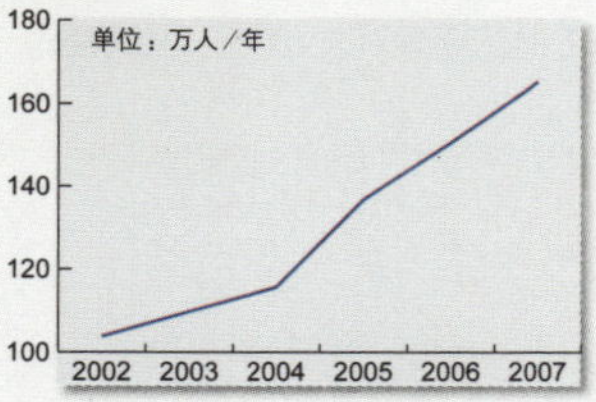

中国与欧盟在科技领域加强合作

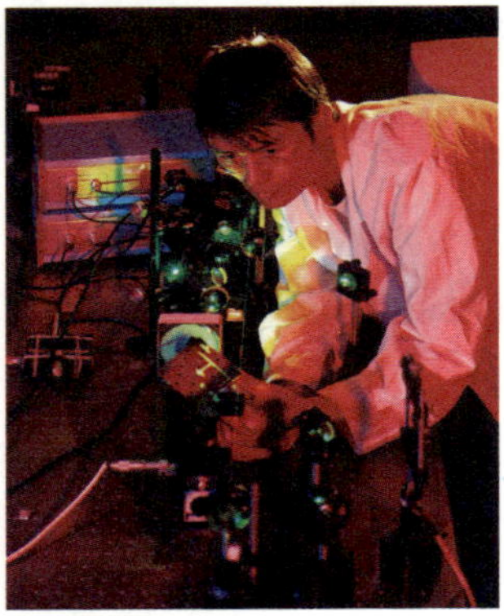
泰达物理学院实验室

# 科技创新

新世纪开始，中国将增强自主创新能力确定为发展科学技术的战略基点，各级政府都对自主创新提供了有力的资金支持。2007年，国家财政安排科技投入1689亿元，比上年增长26.5%；占国家财政支出的比重为1998年以来的最高水平。

今天，多项农业科技成果居于世界领先地位，如禽流感疫苗、抗虫棉、矮败小麦、超级稻、双低（低芥酸、低硫苷）油菜等。中国还开发应用了一批精密制造、清洁能源、智能交通、信息安全等产业关键共性技术，攻克了一批对控制城市环境污染、资源勘探开发、减灾防灾、生态保护等有重大作用的关键技术，在微电子材料技术、光电子材料技术、功能陶瓷、纳米材料、生物医用材料等前沿技术领域取得了多项原创性成果。

### 中国科学院与中国工程院

中国科学院为中国自然科学的最高学术机构和综合研究中心。它下设数学物理部、化学部、地学部、生物学部、技术科学部等，有100多个研究机构分布在全国各地，其中约30个国家研究所成为世界公认的著名高水平研究机构。中国工程院是全国工程科学技术界的最高荣誉性、咨询性学术机构，对国家重要工程科学与技术问题开展战略研究，提供决策咨询。两院院士是国家科学技术方面的最高学术称号，为终身荣誉。中国科学院现有院士736名，中国工程院现有院士737名。两院都有外籍院士。

### 科技人力资源

目前，中国拥有科技人员3500万人，居世界第一位；全时科技研发人员165万人/年，居世界第二位。在2007年度国家科技奖项的获奖者中，45岁以下的中青年科学家占到61%，他们已成为中国科技事业的中坚力量。

# 国际科技合作

迄今为止，中国已先后与152个国家和地区建立科技合作关系，同其中的96个国家签订了政府间科技合作协议，并加入了1000多个国际科技合作组织。以民间形式开展的国际科技合作与交流更为活跃。中国科协及其所属团体共参加249个国际科技组织，有373人次的科学工作者在国际科技组织中担任执委会（理事会）执委（理事）以上职务，280多人次担任国际组织专业委员会领导职务；中国科学院有250余名科学家在国际科学组织中担任职务；国家自然科学基金会已与36个国家的科学基金组织签订了合作协议和备忘录。

中华人民共和国国际科学技术合作奖是国务院设立的国家级科技奖项，奖励在双边或者多边科技合作中对中国科学技术事业作出重要贡献的外国科学家、工程技术人员、科技管理专家或组织。到2007年度，已有44名外籍专家获此殊荣。

# 社会科学

中国大约有10万多人从事社会科学研究。建立于1977年的中国社会科学院，为全国社会科学最高学术研究机构，以学科齐全、人才集中、资料丰富的优势，进行创造性的理论探索和政策研究。该院现有研究单位36个，专业人员3400多人，其中高级专业人员近2000名。中国社会科学院拥有一批在国内外学术界享有盛名、学术造诣高深的专家学者，以及在学术理论研究方面崭露头角的中青年科研骨干。

2006年8月，中国社会科学院正式建立学部制度，设立文学史学哲学部、经济学部、社会政法学部、国际研究学部、马克思主义研究学部。中国社会科学院现有47名学部委员和95名荣誉学部委员，其学术地位大致相当于中国科学院院士。

中国重视中医药科技的国际交流，举办了中医药现代化高峰会议。

图为汉王科技与以色列 Wizcom 签署合作协议

读者在南京一家书店里阅读

# 2007年中国十大科技进展

2008 年初，547 名中国科学院院士和中国工程院院士投票评选出了 2007 年中国十大科技进展：

1

探月卫星“嫦娥一号”发射成功，获得清晰月面图像。它使中国跨入世界上为数不多的具有深空探测能力国家的行列。

2

中国首台具有自主知识产权的 12000 米特深井石油钻机研制成功。这台特深井陆地石油钻机，将把中国陆地和海洋深水油气田等超深油气藏的勘探开发提高到一个新的层次。

3

癌症治疗研究获得重大进展。中国科学工作者关于纳米胶束搭载化疗药物直抵癌细胞的研究论文，以及关于发现癌症治疗新靶点的研究成果，分别发表在国际权威医学杂志上。

4

实现六光子薛定谔猫态。中国国家实验室研究人员通过实验，成功制备出国际上纠缠光子数最多的薛定谔猫态和可以直接用于量子计算的簇态，刷新光子纠缠和量子计算领域的两项世界纪录。

5

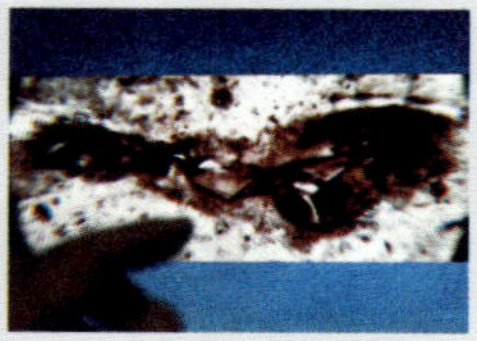

发现 6.32 亿年前动物休眠卵化石。这一发现将动物的化石记录前推了 5000 万年。

6

首架拥有自主知识产权的新一代支线客机完成总装下线。它标志着中国已首次走完了新支线飞机研制的全过程，正式跻身世界民用客机行列。

---

7

发现世界上最大的似鸟恐龙化石。在内蒙古自治区二连浩特市，中国科学工作者发现了当今世界上最大的似鸟恐龙化石——巨型兽脚类化石。

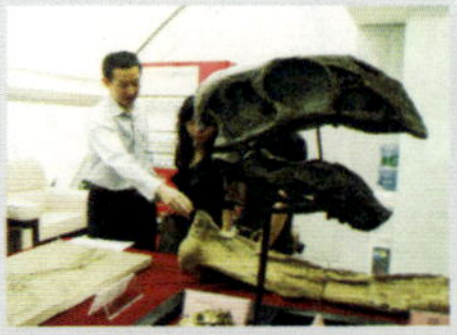

---

8

发现玻恩－奥本海默近似在体系氟加氘反应中完全失效。这一成果，是非绝热过程动力学研究中的一项具有重要学术意义的突破。

---

9

建成中国首个野生生物种质资源库。建成后的西南野生生物种质资源库包括种子库、植物离体种质库、DNA 库、微生物种子库、动物种质库、信息中心和植物种质资源圃。

---

10

大豆新品种创亩（每 15 亩为 1 公顷）产 371.8 公斤纪录。这是新世纪中国大豆的最高产纪录。

# 生活与文化

社会生活

体育运动

文化与艺术

大众传媒

# 社会生活

## 收入与消费

国产东风家用两厢车亮相

国家统计局的数据显示，2007 年中国城镇居民家庭人均可支配收入 13786 元，农村居民家庭人均纯收入 4140 元。2007 年，中国人均国内生产总值已超过 2000 美元。教育、住房、汽车、电脑、股票、出国旅游，已成为人们日常生活中投资或消费的主要内容。中国人的生活质量不断提升，衣食住行发生了很大变化：穿着讲究时尚，饮食讲究营养，住房讲究宽敞舒适，出行打的或开自家车成为寻常事。

2007 年中国城镇居民家庭恩格尔系数从 2000 年的 39.4% 下降到 36.3%，虽然与发达国家 30% 以下的水平仍有差距，但这一差距正在逐步缩小；农村居民家庭恩格尔系数也从 49.1% 降至 43.1%。

### 私人汽车

国家统计局的数据显示，中国私人汽车拥有量年均增速在20%以上，大大快于经济增速。截至2007年底，全国私人汽车保有量达3534万辆，其中私人轿车1522万辆；每百户城镇居民家庭拥有家用汽车6.1辆。

### 住房

从新建住房看，目前个人购买住宅的比例为93%；从存量住房看，居民住房自有率已达80%左右，基本形成了以个人产权为主体的城镇住房产权结构。据国家统计局有关资料，2006年，城镇新建住房面积6.30亿平方米，农村新建住宅面积6.84亿平方米，城市人均住宅面积27.1平方米，农村30.7平方米。

农民人均纯收入

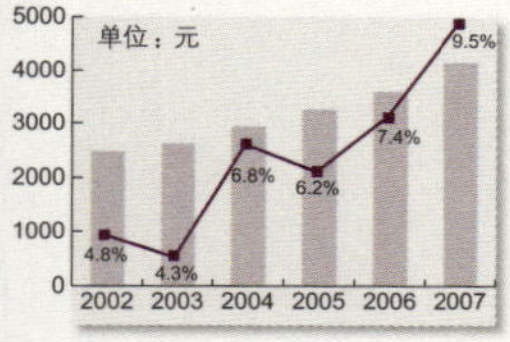


城镇居民人均可支配收入

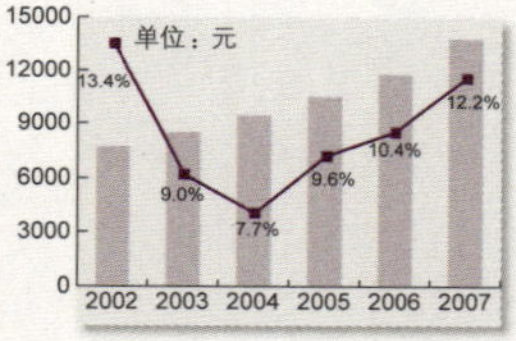


城乡居民储蓄存款余额

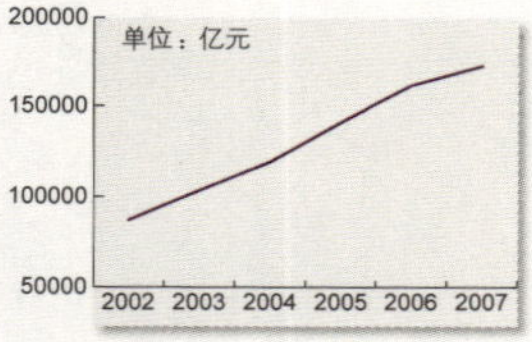


个人住房贷款余额

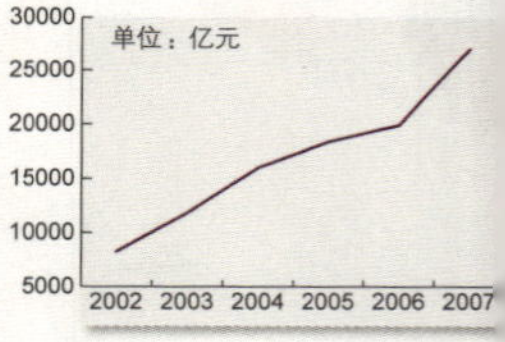

## 人们都在网上干什么?

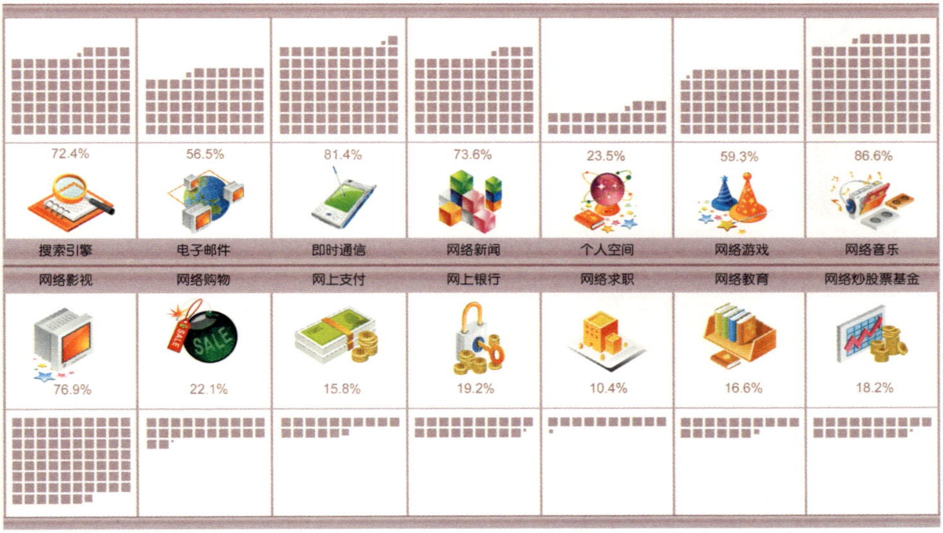


## 人们家里都有什么?

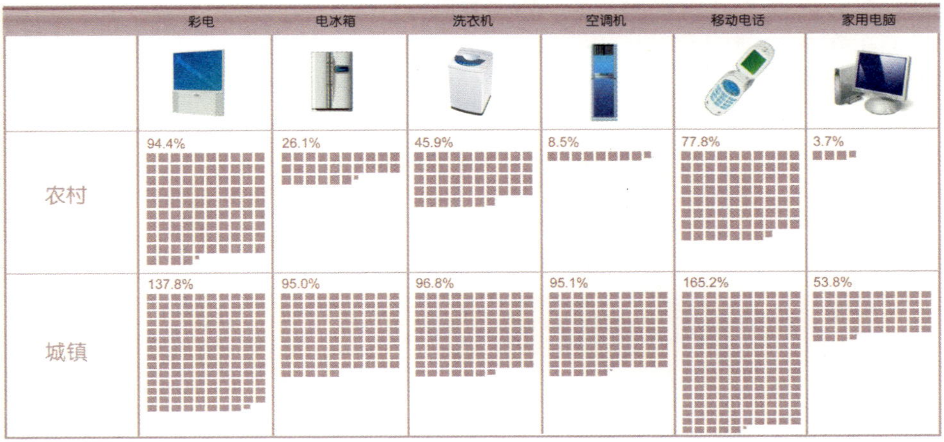


### 人均住房面积

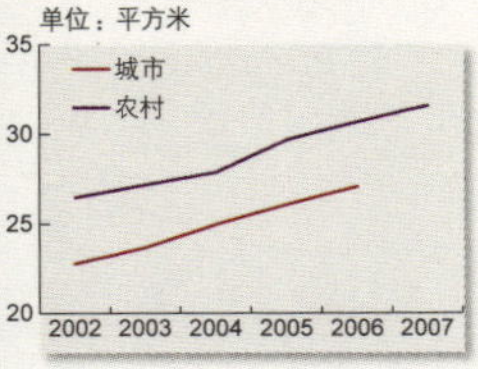


### 中国私人汽车保有量

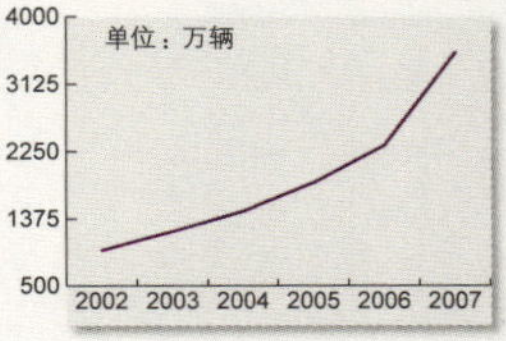


### 部分国家的失业率

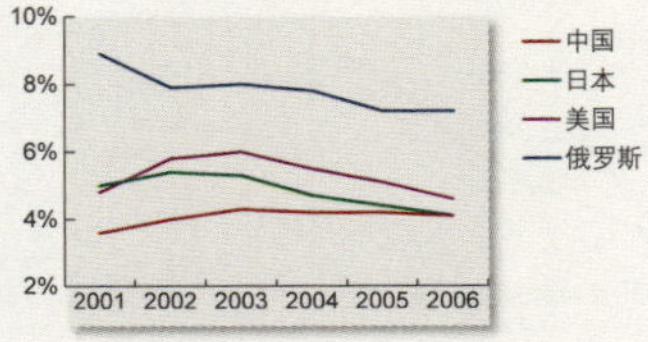

河南中原油田第一社区为残疾人安排就业

## 劳动就业

中国每年都产生大量城镇新生劳动力、失业人员和农村富余劳动力。政府在坚持实施积极就业政策、千方百计扩大就业和再就业的同时，正加快完善社会保障体系，以协调公众利益、构建和谐社会。根据国家计划，2006年至2010年，中国将平均每年安排城镇就业900万人，登记失业率控制在5%以内。2007年，中国安排城镇就业1204万人，登记失业率为4%。

## 社会保障

政府提出，到2020年，要基本建立覆盖城乡居民的社会保障体系。由于中国人口约占世界人口的五分之一，届时，它将成为世界上最大的社会保障体系。

### 最低生活保障

全国所有城市和县城均建立了最低生活保障制度，为所有家庭人均收入低于当地最低标准的居民提供基本生活保障。2007年，全国领取城市最低生活保障金的人数为2271万人，实现了对城市贫困人口的全员覆盖和应保尽保。在农村，很多地区业已开始建立最低生活保障制度。

### 农村合作医疗

从2003年起，中国开始建立新型农村合作医疗制度。以大病统筹为主的合作医疗制度，按照个人交费、集体扶持、政府资助的原则筹集资金，参加合作医疗的农民一旦生病住院，就可以得到比例不一的医药费报销。按照计划，这项制度将在2010年覆盖全国。与此同时，中国还确定在农村建立和实施医疗救助制度，对患大病的贫困农民家庭实行医疗救助。目前，全国已基本建立起规范、完善的农村医疗救助制度，医疗救助基金通过各级财政拨款和社会各界自愿捐助等多种渠道筹集，专款专用。

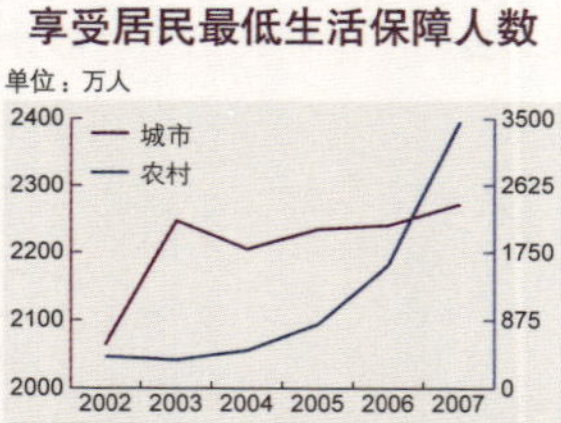


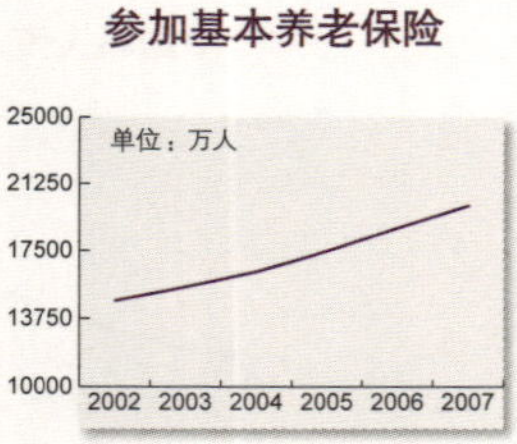


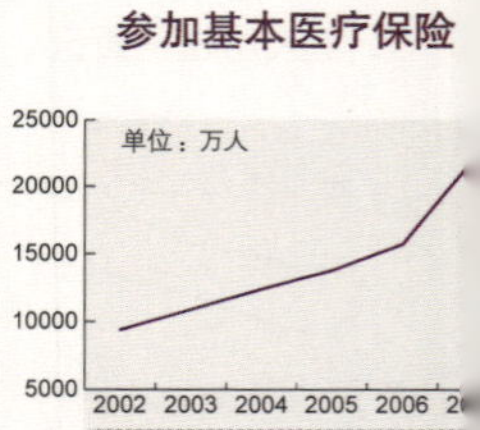

几位老人在郑州市一个社会保险办理大厅办理相关社会保险、养老保险等项目。

作为人口众多的发展中国家，中国目前的社会保障水平还难以追上发达国家，只能保障公民的基本生活。它的标准是：养老保险——使职工在退休以后能够维持中等生活水平；失业保险——维持失业人员的基本生活；医疗保险——满足参保人一般的医疗需求。1990 年以来国务院相继颁布了《失业保险条例》、《社会保险费征缴暂行条例》和《城市居民最低生活保障条例》等法规，为社会保障制度的实施提供了法律保证。现在，一个管理社会化的保障制度已初步形成，同时具有养老、医疗、失业保险和最低生活保障等多种功能。截至 2007 年 8 月底，中国政府通过财政拨款等渠道已积累了 3600 多亿元全国社会保障基金。

参加失业保险

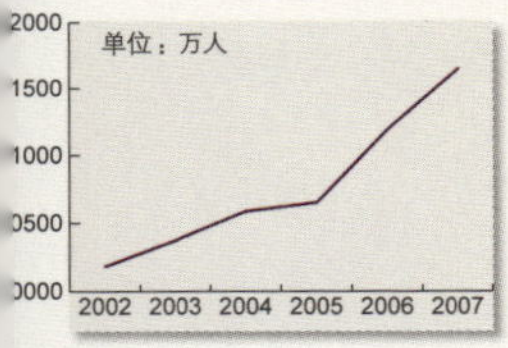


参加公伤保险

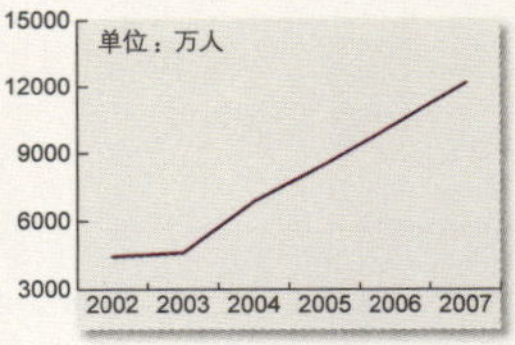


参加生育保险

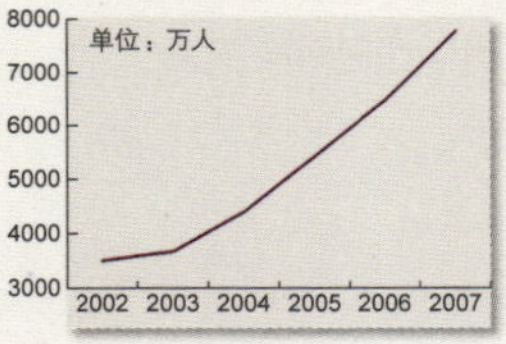


参加新型农村合作医疗

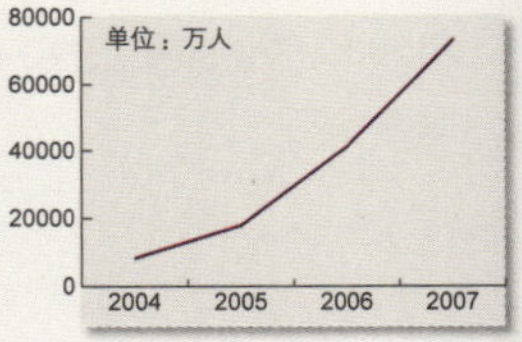

现在，社会保障的覆盖面在持续扩大，从主要集中于国有企业、集体企业扩大到非公有制企业和事业单位，灵活就业人员的保障权益也得到保证。截至 2007 年底，全国基本养老保险、医疗保险、失业保险参保人数分别为 20107 万人、22051 万人和 11645 万人。

## 医疗与健康

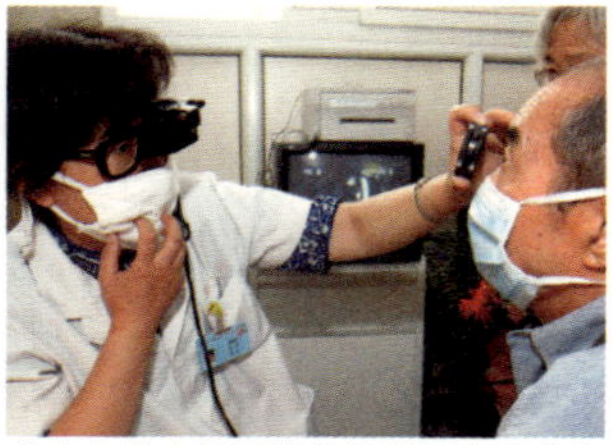
北京大学人民医院的眼科医生正在为患者做检查

在中国，每千人口拥有医生 1.56 人，病床 2.63 张。北京、上海、天津、重庆等大城市中均设有高水平的肿瘤、心脑血管、眼科、牙科、中医以及传染病等各种专科医院和众多综合医院；各省、自治区的中等城市中均设有现代化设施完备的综合医院或专科医院。县、乡、村三级医疗预防保健网在广大农村具有一定基础，县有中心医院，乡镇有卫生院，行政村设有医疗点。由于医疗保健机构的建立健全，以及人们卫生习惯的逐渐养成，中国人口死

### 中国传统医药

和西医相比，中医有自己独特的理论体系，有观色、切脉、针灸等传统的诊病方法，用药以天然草药为主。它的独特疗效千百年来一直得到临床认证。目前，全国有中医院3000多所，中医院床位近30万张，中医执业医师（含助理医师）超过50万人；大部分综合医院设立了中医科。在城市，有90%的社区卫生服务中心提供中医药服务。在农村，约70%的县建有中医院，75%的乡镇卫生院设有中医科，40%的乡村医生采用中医或中西医两种方法为患者治病。

### 中西医结合

世界范围内广泛运用的医疗技术（中国习称为西医）在中国已具备较高临床治疗水平，并得到普及推广。中西医结合是当代中国医学界实施治疗，特别是治疗疑难病症时使用的一种有效方法。它将西医与中医各具特色和优势的诊断与治疗方式结合起来，诊断、治疗疾病。目前，全国有中西医结合医院167所，中西医结合医务人员4万余人，多数综合医院也开展了中西医结合工作。为了探索最佳结合点和结合方式，国家重点建设了27个中西医结合专科和11所中西医结合医院。

亡原因由过去的以传染病、寄生虫病为主转变为现在的以恶性肿瘤、脑血管病和心脏病为主，死因构成已趋于发达国家所具有的特征。城乡居民的健康水平有较大提高，全国人口平均预期寿命达到 73 岁，接近中等发达国家水平。

“预防为主”是中国卫生工作的重要经验之一，各级行政区域均建立以卫生防疫站等预防保健机构为主、具有卫生监督管理和防病职能的机构，形成了全国性的卫生监督和防疫网络。2003 年 5 月，国务院颁布《突发公共卫生事件应急条例》，表明突发公共卫生事件应急机制体系的建立已被纳入法制化轨道。

中医药剂师在为患者配药

卫生总费用

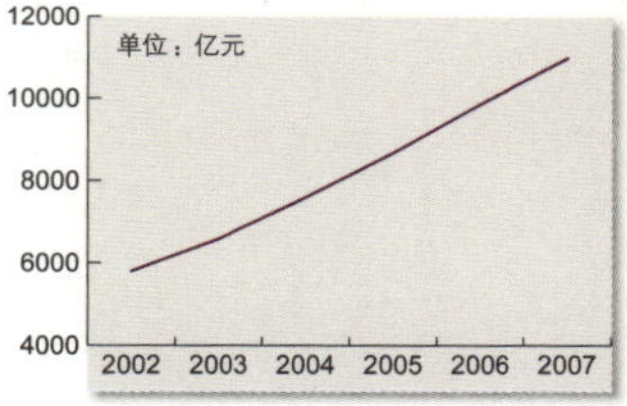

城市与农村都实行了不同类型的医疗保障体系

国家大剧院

# 体育运动

在中国，乒乓球是一项十分普及的体育运动。

设立在居民区的健身设施

## 大众体育

中国有极其丰富的体育锻炼形式，共有各类体育场地85万个，平均每万人拥有体育场地6.58个，人均体育场地面积为1.03平方米。另据国家体育总局公布的一项调查表明，目前中国有60%以上的城市居民到各类体育俱乐部参加健身活动，达到《国家体育锻炼标准》的学生占学生总数的95%以上。

## 全民健身计划

中国的首部《体育法》于1995年获得通过，同年国务院颁布了《全民健身计划纲要》；此后又有一系列体育法规和规章相继出台。按照全民健身计划的目标，到2010年，全国经常参加体育锻炼的人数将达到总人口的40%以上，国民体质有明显的增强；体育锻炼场所有较大增加，以满足人民群众的健身需求。

旨在全面提高国民体质和健康水平的“全民健身计划”以青少年和儿童为重点，倡导全民做到每天参加一次以上的体育健身活动，学会两种以上健身方法，每年进行一次体质测定。

在这项为期15年的计划中，构建面向大众的体育健身服务体系是政府

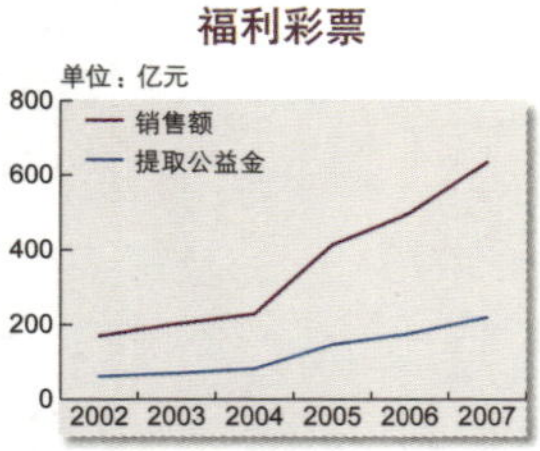


### 体育彩票与健身设施

国家规定，体育彩票公益金中用于体育事业的60%要投入建设全民健身设施，到2006年底，国家体育总局利用体育彩票公益金在城市和农村乡镇兴建的全民健身设施超过6000处。从2001年起，国家体育总局以体育彩票公益金作为引导资金，在大连、北京、长春等31个大中城市试点建设“中国体育彩票全民健身活动中心”，现已陆续投入使用；同时，共有1.96亿元体育彩票公益金被投入到经济相对落后的西部地区和长江三峡地区，建设公共体育设施，使101个县、市受益。

太极扇

的目标。全国绝大多数公共体育场馆已向社会开放；各城市社区、公园广场、草坪和路旁以及居民聚居的地段，普遍设立了便民的健身场所，并配置形式多样的体育健身器械和设施。

去健身中心是当代青年人的时尚

在北京奥林匹克水上公园举行的皮划艇激流回旋比赛

## 运动会

中国定期举办五个大型运动会，即全国运动会、全国农民运动会、全国大学生运动会、全国残疾人运动会，以及全国少数民族传统体育运动会，以此促进全民体育的发展。

全国运动会简称“全运会”，是中国体坛最高水平的综合运动会，每四年举办一次，至今已经举办了十届。全国农民运动会每四年举办一届，至今已经举办了五届。全国大学生运动会是检阅大学生体质发展情况和运动技术水平的盛会，每四年举办一次，至今已经举办八届。全国残疾人运动会每四年举办一次，至今已经举办了六届。1953 年 11 月，中国举办了第一届全国少数民族传统体育运动会，主要展示少数民族的传统体育特色和运动水平，至今已经举办了八届。

## 传统体育

正在练习武术的少年们

中国 110 米跨栏运动员刘翔在雅典奥运会上获得金牌

NBA 的中国篮球运动员姚明

具有中国特点的传统体育项目，也是人们日常所喜爱的运动方式。传统体育项目有武术、太极拳、气功、中国象棋、围棋等。

武术既能健身又可防身。武术的主要内容包括徒手拳术和器械攻防，有各自的流派和套路。太极拳是中国拳术的一种，其重点是以意念引导动作，意动身随，动作柔中有刚，拳姿优美。气功是中国独特的一种健身术，通过练功者控制意念、调整呼吸，达到健身、延年、祛病和增强生理功能的目的。

在少数民族地区，传统体育运动项目丰富多彩。如蒙古、维吾尔、哈萨克等民族的摔跤和马术，藏族的赛牦牛，朝鲜族的跳板和荡秋千，苗族的射弩，傣族的划龙舟等等，既有娱乐性，又有较强的竞技性。

## 竞技体育

1959 年，容国团在德国举行的第二十五届世界乒乓球锦标赛中获得了乒乓球男单冠军——这是中国体育史上的第一个世界冠军。从那时起至 2007 年底，中国运动员共获得世界冠军 2170 个，创超世界纪录 1175 次。其中，1989 年以来的 19 年中获世界冠军 1816 个，占总数的 83.7%；创超世界纪录 793 次，占总数的 67.5%，是中国竞技体育持续发展较快的阶段。

进入新世纪后，中国各个体育门类的年轻运动员开始走向成熟，涌现出短跑运动员刘翔、篮球运动员姚明和易建联、划艇运动员孟关良和杨文军、网球运动员孙甜甜和李婷、晏紫和郑洁以及台球运动员丁俊晖等一批跻身世界体坛优秀运动员行列的新秀。

竞技体育的辉煌成就得益于日渐完善的竞技体育训练体系——以青少年业余体校和基层体育俱乐部为基础，以省、自治区、直辖市运动队为骨干，以国家运动队为最高层次。该训练体系使全国优秀运动队常年保持在 2 万人左右。2004 年 2 月 3 日，国务院颁布《反兴奋剂条例》，首次对兴奋剂管理、反兴奋剂义务、兴奋剂检查与检测以及法律责任等问题作出详尽的规定。该条例自 2004 年 3 月 1 日起正式实施。

## 残疾人体育

中国的残疾人体育目前在世界上处于比较领先的地位，曾在世界大型赛事上获得过优异成绩。中国残疾人体育代表团在 1996 年亚特兰大残奥会上首次进入十强，2000 年悉尼残奥会进入六强，2004 年雅典残奥会名列金牌榜第一。截至 2006 年底，中国残疾人运动员在国际赛场上共获得 2072 枚金牌、创超 214 次世界纪录。

中国残疾人体育规范化是从 1983 年成立中国残疾人体育协会开始的，1985 年和 1986 年分别成立了中国聋人体育协会和中国弱智人体育协会；全国各省、自治区、直辖市的残疾人体育协会也相继成立。中国已经加入了八个综合国际残疾人体育组织和多个单项国际体育组织；上海市和北京市分别获得了 2007 年国际特殊奥运会和 2008 年残奥会的举办权。

残疾人运动会上的轮椅速度赛

击剑残疾运动员、奥运火炬手金晶。

# 文化与艺术

## 图书馆

国家图书馆

北京故宫博物院

到2007年底，全国共有2791家公共图书馆，总藏量超过5亿册（件）。在高等学校图书馆中，北京大学图书馆和武汉大学图书馆的馆藏量名列前茅。全国的图书馆系统还包括科研系统图书馆和各类基层单位与中小学图书馆。

拥有2500万册（件）馆藏的国家图书馆是亚洲最大的图书馆，其中文献馆藏数量居世界第一。国家图书馆收藏有3500余块刻着古老象形文字的甲骨、160万册线装古籍图书、上千卷敦煌遗书，以及1200万册外文书刊和几十个动态更新的电子数据库。从1916年起，该馆开始接受国内正式出版物的缴送，从1987年开始接受国内电子出版物的缴送。此处也是国家图书书目中心（ISSN）和网络信息中心。目前，国家图书馆已与全国90家图书馆结成数字化图书馆联盟，共同促进中国数字化公众信息服务的发展和应用。在建中的国家图书馆二期工程暨数字图书馆工程，使国家图书馆书库可满足未来30年藏书的需要；数字图书馆还将使国家图书馆成为世界上最大的中文文献收藏中心、中文数字资源基地和国内最先进的信息网络服务基地。

饮誉海内外的上海图书馆为中国最大的省市级图书馆。其馆藏古籍文献共有170余万册，其中2.5万种17.8万册善本古籍尤为珍贵，不少已成为海内外孤本。最早的藏品距今近1500年。

## 博物馆

中国共有博物馆1634座，加上民间兴办的特色博物馆，全国各类博物馆已达2400余座。各类博物馆藏品超过2000万件（套），每年举办展览近万个。以秦始皇兵马俑博物馆为代表的一批文物博物馆，已成为国内外人士喜爱的文物旅游胜地。政府鼓励开展馆际间文物展览交流活动，鼓励民间合法收藏物的展示和交流。到2015年，中国将在现有基础上再建1000座博物馆，基本实现每个中等以上城市拥有一所功能齐全的博物馆。

坐落在北京天安门广场东侧的国家博物馆，集文物征集、考古、收藏、研究、展示于一身，拥有60多万件（套）反映中国古代、近现代、当代历史的珍贵文物和上百万册文献图书资料。该馆的改扩建工程将于2010年竣工，建成后的面积将达到19.2万平方米。

## 文物保护

中国已知的地上地下不可移动文物有近40万处，已公布的国家重点文物保护单位有2351处，省级文物保护单位有7000多处，市县级文物保护单位6万余处。在建的国家文物信息数据库2015年竣工后，人们可从中浏览详细的相关信息。

二十世纪九十年代是政府对文物抢救保护投入最多、成效最为显著的一个时期。此期间，国家财政用于文物抢救保护的专项补助经费达7亿元，

秦始皇陵兵马俑

北京故宫的太和殿

明清古村——北京西部爨底下村

安排文物抢救保护项目1000余项，大批濒临毁坏的文物得到妥善保护。根据2005年启动的大遗址保护项目，国家财政每年将投入2.5亿元资金对具有重大影响的大遗址进行重点保护。

文物保护工作逐步纳入法制化轨道。目前，中国已参加全部四个文物保护国际公约。1982年颁布的《文物保护法》对不可移动文物、考古发掘、馆藏文物、民间收藏文物、文物出境入境等作了明确规定。《文物保护法实施条例》、《文物拍卖管理暂行规定》于2003年发布，2006年又出台了第一个针对单体文物的专项保护法规——《长城保护条例》。

到2007年底，政府有关部门评定出110座国家级历史文化名城和80多座省级历史文化名城。从2001年开始，国家每年都投入1500万元资金用于历史文化名城的保护。

作为传统的农业大国，中国古村落之多、地域分布之广为世界罕见。此类村落自然环境保存完好，且保留大量的民间文物和乡土艺术资料。大规模

天坛

的古村落保护行动正在文物部门的规划中。截至 2007 年底，中国共确认历史文化名镇 85 个、历史文化名村 72 个。

## 非物质文化遗产

中国是世界上非物质文化遗产最丰富的国家之一。2006 年 6 月，国务院公布第一批国家级非物质文化遗产名录，包括民间文学、民间音乐、民间舞蹈、传统戏剧、曲艺、杂技与竞技、民间美术、传统手工技艺、传统医药、民俗十大类，共 518 项。

中国的昆曲、古琴艺术、维吾尔族木卡姆艺术和蒙古族长调民歌均获得联合国教科文组织“人类口头和非物质遗产代表作”称号，其中蒙古族长调民歌是 2005 年中国首次与外国（蒙古国）就同一非物质遗产联合向联合国教科文组织申报并获通过的项目。此外，传统音乐录音档案、清朝内阁秘本档、清代大金榜、纳西族东巴古籍文献和清代样式雷建筑档案被列入“世界记忆遗产名录”。2001 年，联合国教科文组织还将世界上最长的史诗——中国藏族史诗《格萨尔王传》列入世界千年纪念名单。

中国政府在保护非物质文化遗产方面做了大量卓有成效的工作，如由政府组织编纂出版的 300 卷近 5 亿字的“十部中国民族民间文艺集成志书”，抢救、保存了大量的珍贵艺术文化资源。2006 年 2 月，国务院下发《关于加强文化遗产保护工作的通知》，对非物质文化遗产的普查、保护、抢救以及建立国家级和省、市、县级非物质文化遗产名录体系提出了具体要求，以期逐步形成国家非物质文化遗产保护制度。

京剧脸谱

虎头帽

舞龙

剪纸

# 自然文化遗产

在2007年6月举行的第三十一届世界遗产大会上，中国的广东开平碉楼与村落和中国喀斯特分别作为世界文化遗产和世界自然遗产被列入《世界遗产名录》。广东开平碉楼是一种用于防卫的多层塔楼式建筑，与周围村落一起展现了十九世纪以来中西建筑艺术和装饰形式的融合。中国喀斯特由云南石林的剑状、柱状和塔状喀斯特、贵州荔波的锥状喀斯特（峰林）、重庆武隆的地缝与天坑群等为代表的中国典型喀斯特地形地貌区域共同组成。它们形成于距今50万年至3亿年间，总面积达1460平方公里。

中国于1985年加入《保护世界文化和自然遗产公约》，至今已有35处文化和自然遗产被列入《世界遗产名录》，在世界上排名第三。从2004年开始，国家开始对北京的六项世界文化遗产——明十三陵、长城、故宫、天坛、颐和园和周口店“北京人”遗址进行首次大规模修缮，将在2008年内完工。从2006年起，中国将每年6月的第二个星期六定为中国“文化遗产日”。

世界遗产分布示意图

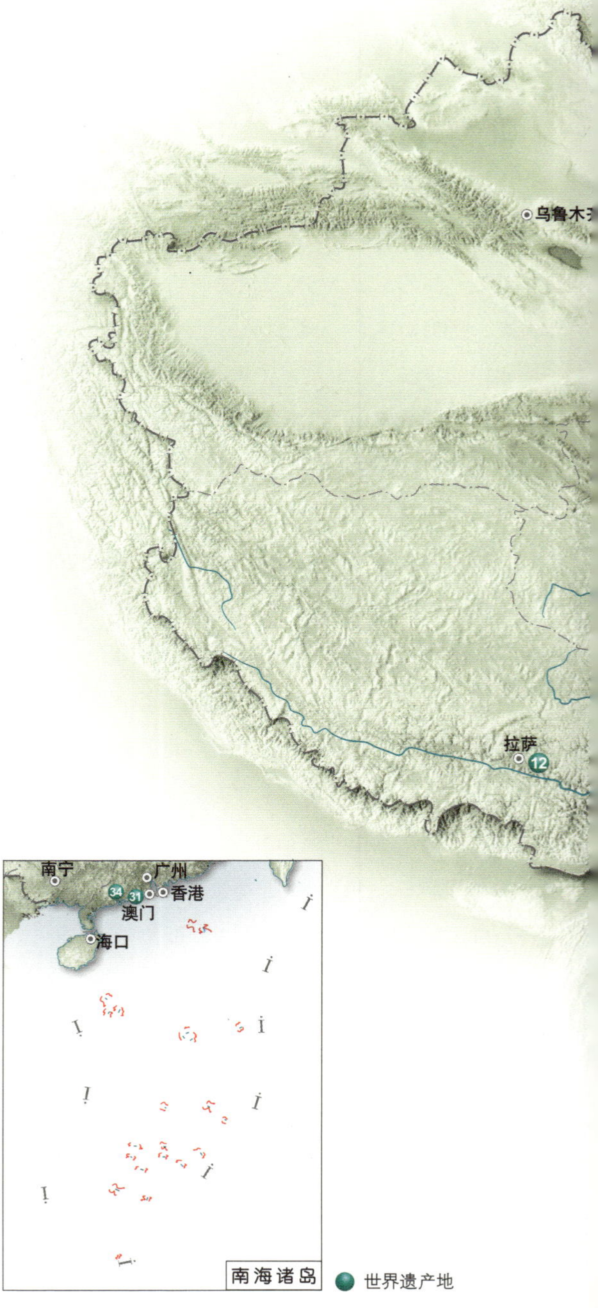

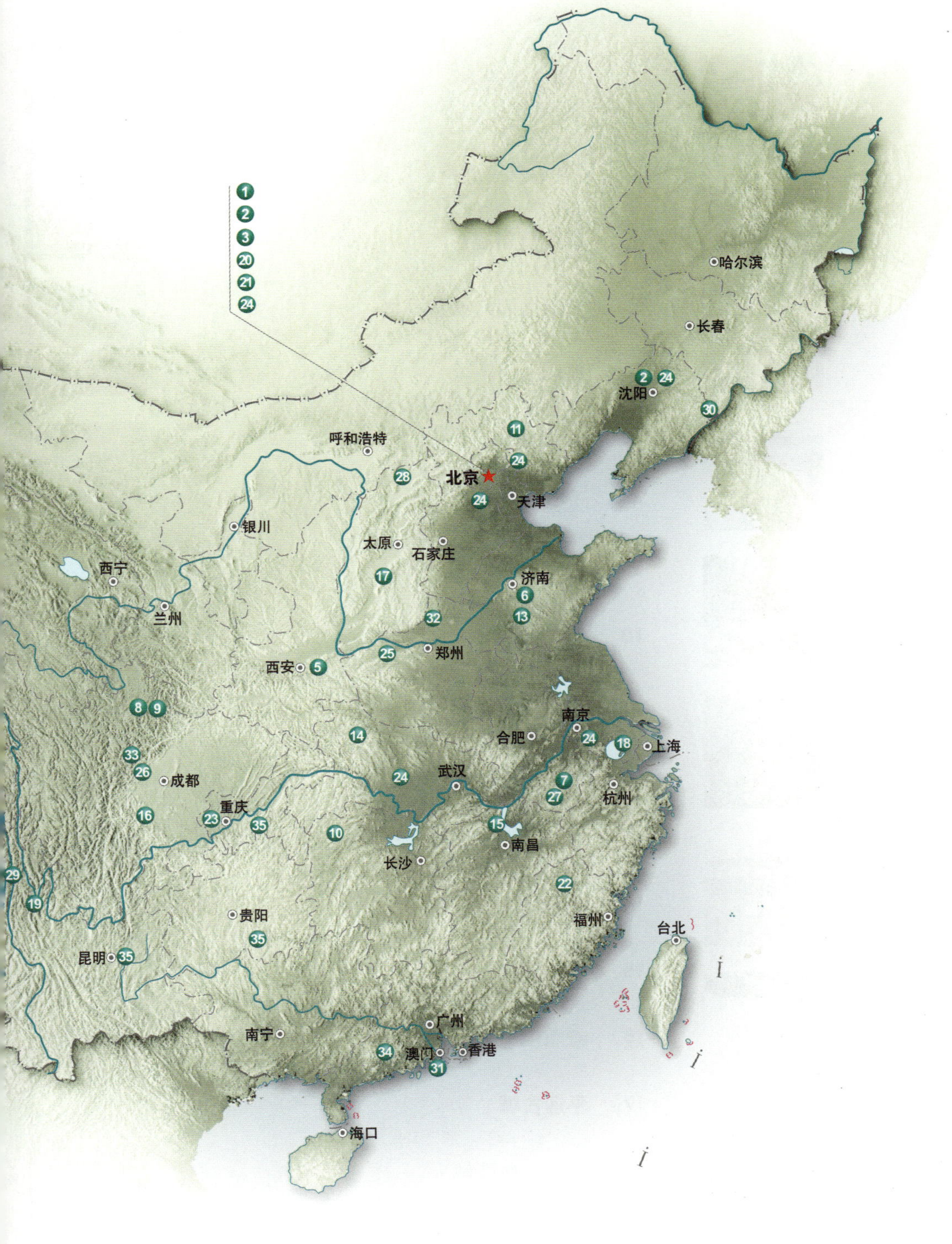
1
2
3
20
21
24
哈尔滨
长春
2
24
沈阳
30
11
24
呼和浩特
28
北京
24
天津
银川
太原
石家庄
西宁
17
济南
6
兰州
32
13
25
郑州
西安
5
8
9
南京
14
合肥
24
18
上海
33
26
成都
24
武汉
7
27
杭州
16
23
重庆
35
10
15
南昌
长沙
29
22
19
福州
贵阳
台北
35
昆明
35
广州
南宁
34
澳门
香港
31
海口

1. **长城**

（北京市，1987，世界文化遗产）

2. **明清皇宫**

（北京故宫——北京市，1987；
沈阳故宫——辽宁省，2004，世界文化遗产）

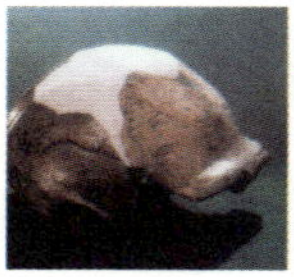

3. **周口店“北京人”遗址**

（北京市，1987，世界文化遗产）

4. **敦煌莫高窟**

（甘肃省，1987，世界文化遗产）

5. **秦始皇陵与秦兵马俑**

（陕西省，1987，世界文化遗产）

6. **泰山**

（山东省，1987，世界文化和自然遗产）

7. **黄山**

（安徽省，1990，世界文化和自然遗产）

8. **九寨沟**

（四川省，1992，世界自然遗产）

9. **黄龙风景区**

（四川省，1992，世界自然遗产）

10. **武陵源风景区**

（湖南省，1992，世界自然遗产）

11. **承德避暑山庄与外八庙**

（河北省，1994，世界文化遗产）

12. **布达拉宫**

（西藏自治区，1994，世界文化遗产）

13. **曲阜孔庙、孔府、孔林**

（山东省，1994，世界文化遗产）

14. **武当山古建筑群**

（湖北省，1994，世界文化遗产）

15. **庐山**

（江西省，1996，世界文化遗产）

16. **峨嵋山与乐山大佛**

（四川省，1996，世界文化和自然遗产）

17. **平遥古城**

（山西省，1997，世界文化遗产）

18. **苏州古典园林**

（江苏省，1997，世界文化遗产）

19. **丽江古城**
（云南省，1997，世界文化遗产）

20. **颐和园**
（北京市，1998，世界文化遗产）

21. **天坛**
（北京市，1998，世界文化遗产）

22. **武夷山**
（福建省，1999，世界文化和自然遗产）

23. **大足石刻**
（重庆市，1999，世界文化遗产）

24. **明清皇家陵寝**
（明显陵——湖北省，2000；
清东陵、清西陵——河北省，2000；
明十三陵——北京市，2003；
明孝陵——江苏省，2003；
盛京三陵——辽宁省，2004，世界文化遗产）

25. **龙门石窟**
（河南省，2000，世界文化遗产）

26. **青城山与都江堰**
（四川省，2000，世界文化遗产）

27. **皖南古村落——西递、宏村**
（安徽省，2000，世界文化遗产）

28. **云冈石窟**
（山西省，2001，世界文化遗产）

29. **三江并流景观**
（云南省，2003，世界自然遗产）

30. **高句丽王城、王陵及贵族墓葬**
（辽宁省、吉林省，2004，世界文化遗产）

31. **澳门历史城区**
（澳门特别行政区，2005，世界文化遗产）

32. **殷墟**
（河南省，2006，世界文化遗产）

33. **四川省大熊猫栖息地**
（四川省，2006，世界自然遗产）

34. **广东开平碉楼与村落**
（广东省，2007，世界文化遗产）

35. **中国喀斯特**
（云南省、贵州省、重庆市，2007，世界自然遗产）

## 文学

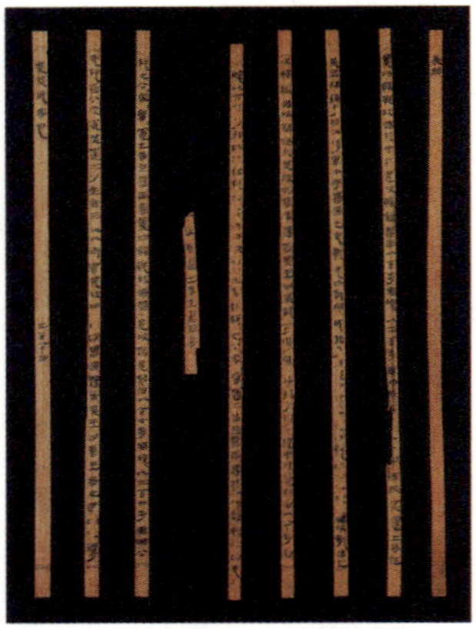

竹简是中国古老的文字载体之一

《红楼梦》、《三国演义》、《水浒传》和《西游记》是中国古典文学巨作，并称为四大名著。

中国最早的文学成就是编纂于公元前六世纪的中国第一部诗歌总集——《诗经》。此后，质朴的先秦散文、华丽的汉赋以及汉末的乐府民歌，分别代表了所在时代的文学风貌。在唐代，诗歌创作达到顶峰，包括名家李白、杜甫等在内的诗人数以千计，传世之作五万余首。宋代以词的成就最为突出，元代文学的最高成就则是杂剧创作。明、清两代，《三国演义》、《水浒传》、《西游记》、《红楼梦》四部长篇小说，以其丰富的文史内涵和独特的艺术风格享誉古今，永存于世。

二十世纪的中国文学在二三十年代和八九十年代分别形成两次高潮。前一次的高潮发端于“新文化运动”，从一开始就带有强烈的反帝反封建思想。以鲁迅为代表的进步作家，开创了中国现代文学事业。鲁迅、沈从文、巴金、茅盾、老舍、丁玲、张爱玲成为屹立中国文坛的巨匠。

二十世纪八九十年代一批具有世界影响的新作家及其作品的问世，代表着中国当代文学的成就与繁荣。作家们用现代汉语表达现代中国人的生命体验，审美体验更加成熟。就群体创作水平而言，当代小说家在使用语言思索、表达方面所达到的艺术高度，已经超过他们的前辈。

中国设立了数十个文学奖项，其中较权威的有茅盾文学奖、鲁迅文学奖和年度中华文学人物评选等。每五年评选一次的中国女性文学奖是全国性大型文学奖，评选范围涵盖小说、散文、诗歌、纪实文学、女性文艺理论及译著五大类作品。

### 网络文学

网络文学的崛起和蓬勃发展成为中国文学界目前最为瞩目的现象。自1995年中国第一个文学网站“橄榄树”成立迄今，全国已建有20余家文学网站，它们共同走出了中国网络文学发展的第一步。网络文学作为一种新的媒体文学迅速崛起，在某种程度上影响到中国文学发展的总体格局。2006年博客在中国迅速崛起，经常使用博客的人数近2800万，许多明星和文化名人都是博客作者。

## 戏剧

中国的传统戏剧有一个独特的称谓——戏曲，它与希腊悲喜剧和印度梵剧，并称为世界三大古老的戏剧文化。中国戏曲有京剧、昆曲、越剧、豫剧、粤剧、川剧、秦腔等 300 多个剧种，其中京剧是流传最广、影响最大的剧种。运用歌舞形式表达剧情是中国戏曲的主要手段。

话剧是二十世纪初从国外引进的剧种，到上个世纪三十年代走向成熟。今天，代表着中国话剧最高水平的北京人民艺术剧院已推出剧目近百种，其中《茶馆》作为经典作品之一享有国际声誉。上个世纪的剧作家曹禺迄今仍被认为是最优秀的。

“梅花奖”是中国戏剧界优秀中青年演员的最高奖项，已有 47 个剧种的 551 名演员成为“梅花奖”得主。

川剧

京剧艺术

### 京剧

京剧被视为中国的国剧。经过200多年的实践，它积累了1000个以上深具艺术价值的剧目，形成了一套音乐板式和表演程式，产生了像梅兰芳、程砚秋、马连良、周信芳这样上个世纪的著名京剧表演艺术家以及一批新世纪的优秀演员。

琵琶

二胡

笛子

古琴

## 曲艺

曲艺是中国传统说唱艺术的统称，是由民间口头文学和歌唱艺术经过长期发展演变形成的一种独特的艺术形式。目前，仍然活跃在民间的曲艺品种有400个左右，包括相声、评书、京韵大鼓、扬州清曲、山东快书、安徽琴书、二人转、凤阳花鼓等。其中，尤以相声、评书流传最为广泛，成为经常在广播、电视、舞台上展示的大众曲艺项目。

## 音乐

公元前一世纪时，中国的民族乐器已有80多种。在历史上，中国曾多次出现音乐文化的繁荣昌盛时期，琴曲《广陵散》、《胡笳十八拍》，琵琶曲《十面埋伏》，民族管弦乐曲《春江花月夜》等，都是古代优秀音乐作品的典范。

二十世纪中叶以来，随着西方乐器与音乐融入中国传统音乐，中国音乐艺术呈现出历史性进展。音乐家们创作出一批赋有民族特色的现代音乐佳作，如大型音乐舞蹈史诗《东方红》、歌剧《洪湖赤卫队》、钢琴曲《黄河》等。与此同时，中国音乐家和音乐艺术表演团体广泛参加了各种国际性的音乐交流和比赛活动，许多人获得了名列前茅的优异成绩。

中国各地每年要定期举办大型音乐节，诸如一年一度的上海国际艺术节、北京国际音乐节和北京国际戏剧演出季等艺术盛会，吸引着大批世界著名音乐家和一流的音乐艺术表演团体来华访问演出。

五代《韩熙载夜宴图》（局部）

## 舞蹈

中国的民间舞蹈历史悠久，56 个民族均流传下来许多风格独特的民族舞蹈，如汉族北方的秧歌舞和南方的采茶灯舞、蒙古族的安代舞、藏族的旋子舞等等。1959 年，中国成立了国家芭蕾舞剧团，西方舞蹈艺术开始被引入中国，迄今，已创作有《红色娘子军》、《白毛女》、《大红灯笼》等具有中国特色的芭蕾舞剧，得到观众们的喜爱。节庆期间，民间的舞蹈表演是人们自娱自乐的一种方式。国家级的歌舞团体，如中国歌剧舞剧院、中国东方歌舞团、中央民族歌舞团、中国芭蕾舞团等大型专业团体，则为人们提供专业的、高品质的歌舞汇演与歌舞剧。

秧歌舞

蒙古舞

藏族舞

新疆舞

### 民间艺术

中国传统的工艺美术门类繁多，技艺精湛。利用剪、扎、编、织、绣、雕、塑、绘等技艺制作的各种民间工艺品，千姿百态，具有浓郁的乡土气息和民族风格。传统特种工艺以珍贵或特殊的材料，经过精心设计加工而成，品位高雅。如玉雕是用玉石为原料雕刻的作品，景泰蓝形成于明朝景泰年间（1450－1457年），在铜胎上施以蓝釉，再经打磨，花纹和色泽极为出色，显得富丽高贵。

玉雕

景泰蓝

泥人

剪纸

漆器

## 书法与绘画

扇面绘画

瓷器绘画

中国汉字是方块字，讲究架构、笔锋，汉字的书写和发展过程导致了书法艺术的产生。中国历代都有大书法家，其书法艺术和风格成为所在时期书法的典型代表。人们对书法的喜爱一直流传到今天。

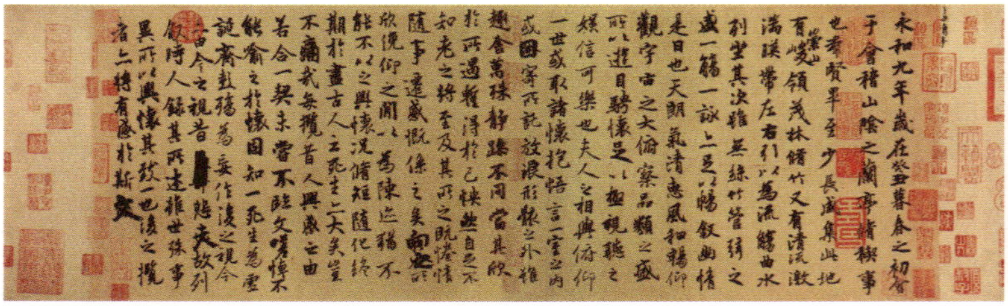
著名东晋书法家王羲之（321—379）所作《兰亭集序》

不同于西方的油画，中国的传统绘画有独特的表现形式。距今六七千年前新石器时代绘于陶器上的图画，是中国最早的绘画作品。由于最早的绘画和写字均使用同样的工具，并且都以线条为主，故有“书画同源”之说。中国传统绘画作品一般都有题诗或题字，并盖上印章，诗、书、印、画因而汇合成一个艺术整体，美学内涵丰厚。人物画、山水画和花鸟画均为传统绘画的重要画种，历代均有各类画种的传世之作。

当代中国的书法与绘画相当活跃。中国美术馆等艺术馆长年不断举办个人画展或联展；中国画每年都走出国门，到世界各地展览。除中国画外，油画、版画、水彩画等西洋绘画在中国也得到发展。部分画家将国画与西画技法糅合一起进行创作，使画坛呈现出风格多样的艺术作品。以各种现代材料、格式、框架和手法为载体的现代艺术也占有一席之地，包括视频、数码、动画和声音艺术在内的新媒体艺术作品，已经在国内外的当代艺术展览中频频露面。

北宋画家张择端（公元十二世纪）所绘风俗画《清明上河图》（局部）。画长528厘米，高24.8厘米。

## 电影

现实题材成为中国电影发展的主流。从二十世纪八十年代中期兴起的新一轮电影创作高潮中，现实题材电影在实现题材、风格、样式的多样化方面，在电影语言的探索和创新方面都有高水准的造诣。此期间，张艺谋、陈凯歌、黄建新等导演的崛起令国际影坛瞩目。二十世纪末二十一世纪初，一批六七十年代出生的电影人成为中国电影界的新一代导演，其代表者有贾樟柯、王小帅、张元、娄烨等人。他们的电影作品趋于平民化，大多以纪实手法表现。

电影《满城尽带黄金甲》

2007年，国产电影的年产量400多部，票房收入33亿元，占全部票房总收入的60%左右。近年来持续创中国商业影片票房最高纪录的导演冯小刚执导的《集结号》和导演陈可辛执导的《投名状》分别获得2亿元以上的票房。此外，多部3000万元以上票房的国产影片成为影院的主流。

电影《集结号》

中国一年一度举办的国际电影节有长春国际电影节和上海国际电影节。“金鸡奖”为中国优秀电影的最高奖项。另外，国家为鼓励主流电影的发展，专设了“华表奖”，还有由观众评选的“百花奖”。

### 国际文化交流

近年来，中国与一些国家合作举办的各种形式的“文化周”、“文化行”、“艺术节”等活动，促进了中国人民同有关国家人民之间的交流与了解，为不同文明之间的平等对话开辟了新的形式。目前，中国已与143个国家达成政府文化协定，签订年度文化交流计划约700个，每年经文化部批准的中外文化交流项目达2000起左右，涵盖六七十个国家，3万人次。

2008年1月，中央歌剧院在纽约林肯中心演出歌剧《霸王别姬》。

# 大众传媒

## 报纸

报纸

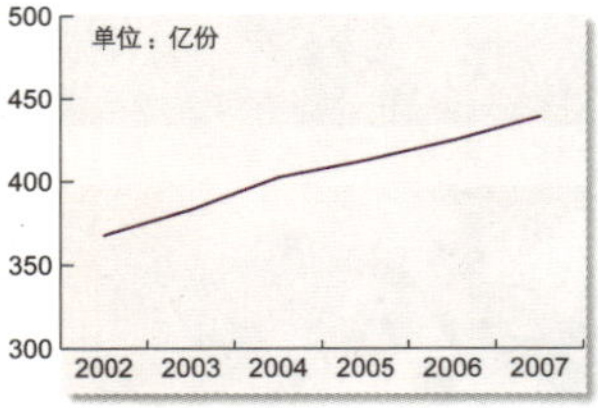


目前，中国仅日报就有 1000 余种，上亿份的发行量使中国成为世界头号日报大国。针对不同的读者群，报纸的形式也日益丰富多彩。

报业重组是近年来的发展趋势，目前全国范围内已组建了北京日报报业集团、文汇新民联合报业集团、广州日报报业集团等近40家报业集团。2006年，天津日报报业集团从发行终端切入数字化转型，推出卫星报，《天津日报》可和《今日美国》等报纸在 39 个国家同步落地，实现了报纸在全球当天发行，即时阅读。

中央电视台机房

## 广播

国家广播电台——中央人民广播电台，现办有 9 套节目，每天播音 200 多个小时，全部上卫星播出；各省（自治区）、市等地方行政区域均设有自己的广播电台。

中国国际广播电台为中国唯一对外广播的国家电台，用 38 种外语以及汉语普通话和四种方言向世界各地播出，每天播音 1000 多个小时。

## 电视

中国电视业已经形成结构比较完整的电视制作、播出、覆盖体系。国家电视台——中央电视台现办有 17 套节目，每天播出 360 多个小时；各省（自治区）、市等地方行政区域均设有自己的电视台。上海电视节、北京国际电视周、中国广播电视博览会和四川电视节等大型国际电视展示活动定期举办，除评比、颁奖外，还进行电视学术交流和电视节目的进出口交易。目前，中央电视台的节目信号经卫星传送已覆盖全球。

广播电视节目制作时间

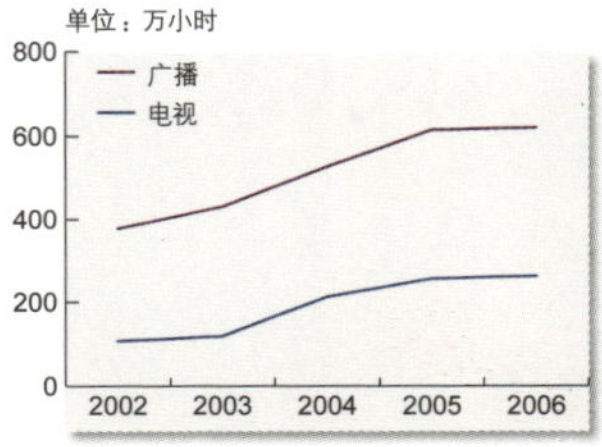


电视剧产量

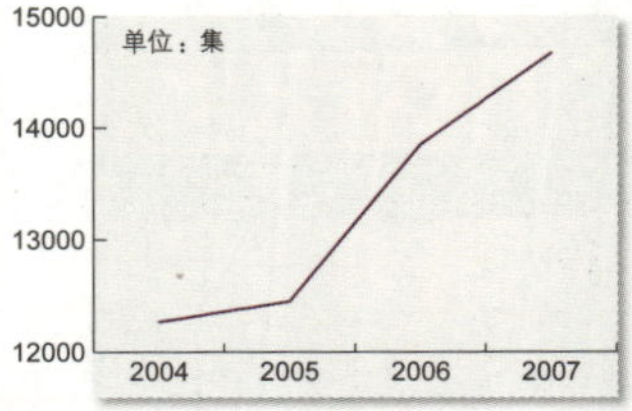


广播电视覆盖率

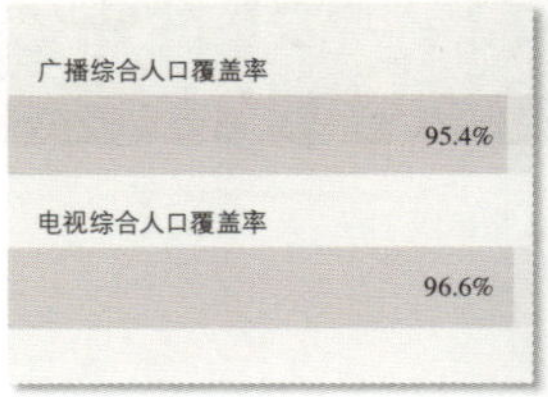

## 网络媒体

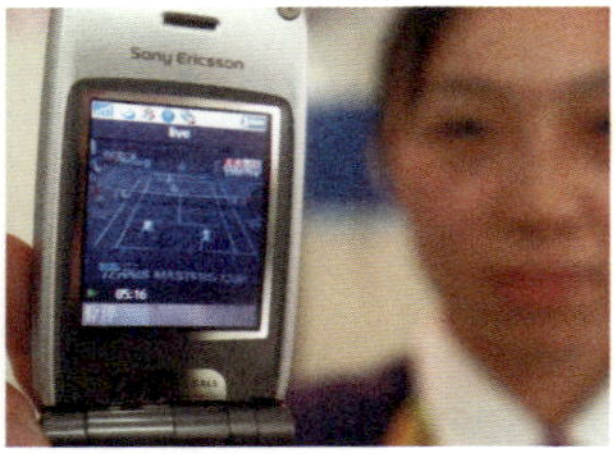

使用手机收看电视节目

中国网

自二十世纪九十年代中期中国的网络与传统媒体联手以来，全国一万多家传播媒体中现已有 2000 多家上了网；而一批按照新闻媒体传播流程运作的知名网站已形成规模，并在新闻报道中发挥了优势。

网络杂志发展迅速，中国电子杂志总发行量已经超过 3.6 亿。2005 年中国移动全网开通手机电视业务，新闻媒体的图文内容开始进入手机终端，不少媒体网站开展了手机报这一新业务。2006 年 8 月，新闻出版总署推出中国数字报业实验室计划，旨在探索网络报纸、手机报纸、电子报纸等多种数字出版形式和经营模式。

跨媒体、跨地域、多元化经营的媒体集团成为新世纪中国媒体业发展的趋势。2001 年，政府提出积极促进组建跨地区、多媒体大型新闻集团的目标，并对传媒业融资、与外资合作、跨媒体发展等方面作出了具体规定。成立于 2001 年底的中国广播影视集团，整合中央电视台等中央级广播电视、电影及广电网络公司的资源和力量，拥有电视、网络、出版、广告等多种业务，成为中国目前规模最大、实力最强的多媒体集团；中央电视台的英语频道也通过新闻集团旗下的福克斯新闻网进入美国。

大型出版工程“大中华文库”

# 出版

中国出版的书刊数量为世界第一，每年出版各类图书逾60亿册(张)，各类期刊约30亿册。按照中国对加入世贸组织的承诺，2003年5月新闻出版总署颁布了《外商投资图书、报纸、期刊分销企业管理办法》，规定从5月1日起允许外国投资者在中国市场从事书报刊零售业务；对于设立外商投资书报刊批发企业的规定已于2004年12月1日施行。该办法还明确规定外商投资设立书报刊零售、批发企业须经新闻出版总署批准。目前，已有60多家外资企业在中国大陆设有办事机构，准备和正在申请投资设立书报刊分销企业。

图书

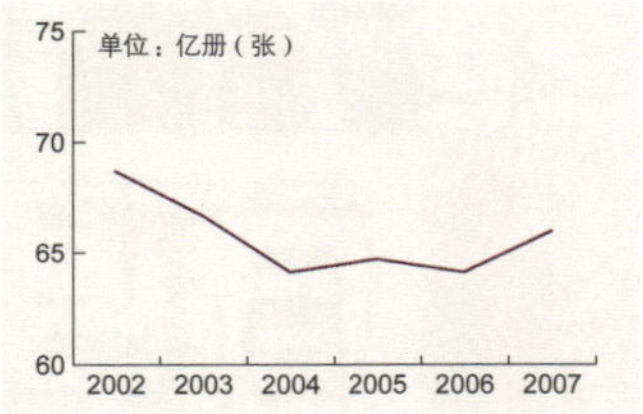


期刊

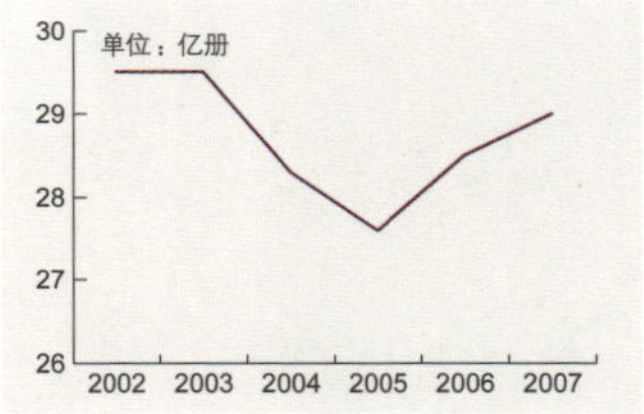

# 专 题

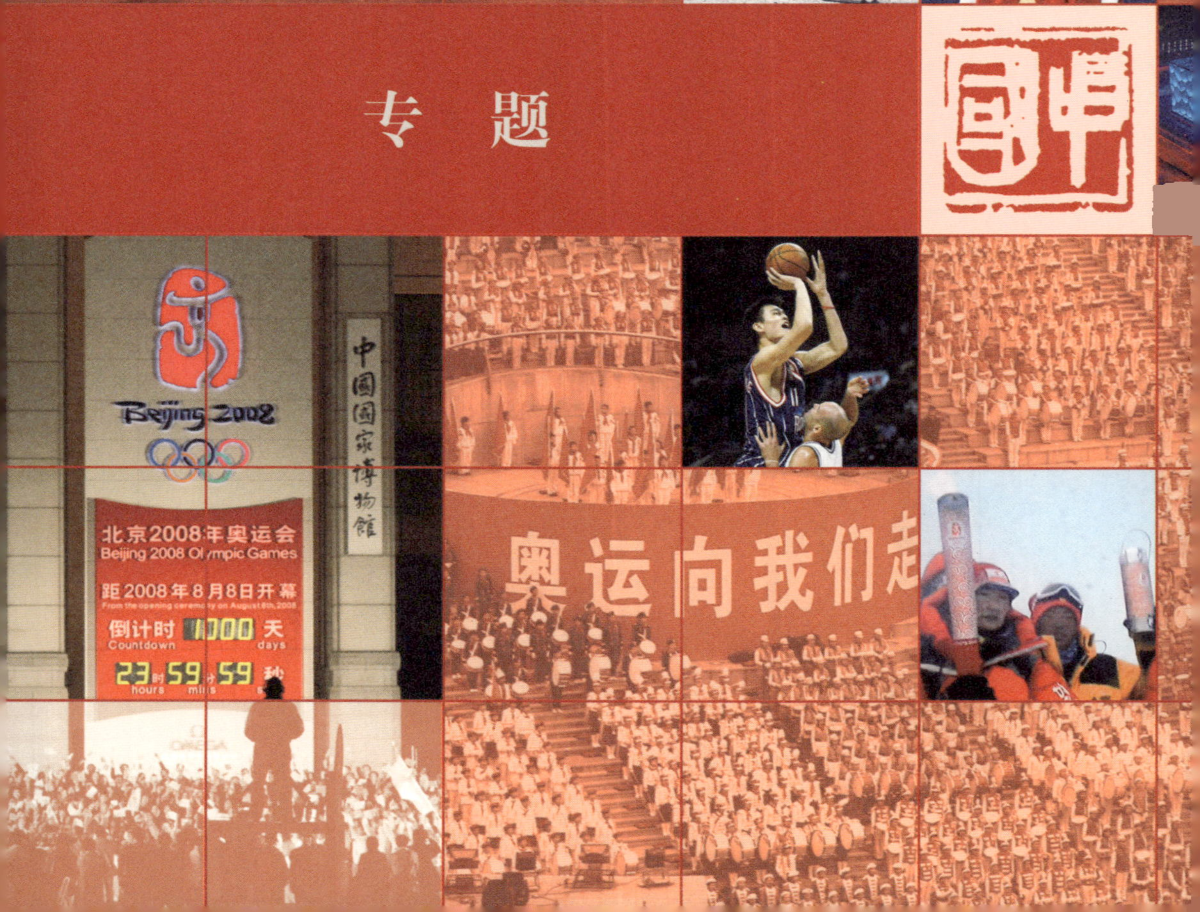
Beijing 2008
中国国家博物馆
北京2008年奥运会
Beijing 2008 Olympic Games
距2008年8月8日开幕
倒计时 1000 天
Countdown
days
23 59 59 秒
奥运向我们

2007年中国大事记

中国改革开放30年最具影响力的30件大事

北京2008年奥运会

四川汶川大地震

# 2007年中国大事记

2007年，中国GDP增长达到11.9%；粮食总产量再次超过5000亿公斤，为抑制物价上涨、稳定市场提供了保证；全年财政收入超过5万亿元，比2006年增长30%以上；城乡居民收入大幅增长，城镇居民收入全年实际增长近10%，农民人均纯收入实际增长超过12%。在就业方面，城镇新增就业全年达1204万人，是近几年来的最好水平。

截至2007年12月底，网民比上一年增加7300万，人数达到2.1亿。

## 1月

1月起，国家免除了农村地区九年义务教育阶段学生的学杂费，共有1.5亿农村中小学生因此受益。

## 3月

3月16日，十届全国人大五次会议表决通过《中华人民共和国物权法》和《中华人民共和国企业所得税法》。《物权法》于10月正式实施，明确规定了对公有财产和私有财产给予平等保护。《企业所得税法》实现了内外资企业所得税税制的统一，并自2008年1月1日起施行。3月22日，中国银行业监督管理委员会公布的《中国银行业对外开放报告》，明确鼓励设立外资法人银行。

## 5月

5月底，太湖无锡流域大面积蓝藻暴发，近百万市民家中的自来水无法饮用。随后，滇池、巢湖蓝藻也相继暴发。作为经济高增长所带来的负面的生态警示，太湖事件成为东部地区乃至全国加速转变发展方式、确立科学发展观的标志性事件。

## 6月

6月4日，《中国应对气候变化国家方案》正式颁布，这一方案全面阐述了2010年前中国应对气候变化的对策，是中国第一部应对气候变化的政策性文件，也是发展中国家在这一领域的第一部国家方案。

6月29日，全国人大常委会表决通过《中华人民共和国劳动合同法》，完善劳动合同制度，明确劳动合同双方当事人的权利和义务，保护劳动者的合法权益。该法自2008年1月1日起施行。

## 7月

7月11日，国务院发出通知在全国建立农村最低生活保障制度，以切实解决中国最低收入人群——农村贫困人口的生活困难，中央财政全年安排农村低保补助资金30亿元，有2000多万农村贫困人口被纳入保障范围。

## 9月

9月13日，国家预防腐败局正式成立。

9月，中国国家大剧院在北京竣工。这座具有世界一流水平的大型艺术剧院由法国人设计，中国人自己建造。

## 10月

据不完全统计，10月，沪深两市约有1.3亿户总账户、5000多个机构投资者，衡量一国证券市场发展程度重要指标的证券化率也达到100%。

10月15日至21日，中国共产党第十七次全国代表大会在北京召开。这是在中国改革发展关键阶段召开的一次十分重要的大会。大会在明确中国未来发展的旗帜、道路和理论体系的同时，将科学发展观写入了党章。

10月24日，中国第一颗探月卫星“嫦娥一号”在西昌发射中心成功升空。11月26日，“嫦娥一号”从距离地球38万公里的环月轨道传回第一张月面图片，标志着中国首次探月工程取得圆满成功，并因此跨入世界为数不多的具有深空探测能力国家的行列。

## 12月

12月29日，十届全国人大常委会第三十一次会议通过了《关于香港特别行政区2012年行政长官和立法会产生办法及有关普选问题的决定》。会议认为，2012年香港特别行政区第四任行政长官的具体产生办法和第五届立法会的具体产生办法可以作出适当修改；2017年香港特别行政区第五任行政长官的选举可以实行由普选产生的办法；在行政长官由普选产生以后，香港特别行政区立法会的选举可以实行全部议员由普选产生的办法。

# 中国改革开放30年最具影响力的30件大事

**1978年　十一届三中全会确定改革开放政策**

1978

1978 年 12 月 18 日至 22 日，中国共产党十一届三中全会举行。这次全会确定国家实行改革开放的新政策，开始了以经济建设为中心的历史性转变。

**1979年　设立经济特区**

1979 年 8 月 13 日，国务院颁发《关于大力发展对外贸易增加外汇收入若干问题的规定》，提出要扩大地方和企业的外贸权限，鼓励增加出口，办好出口特区。1980 年 5 月 16 日，中共中央、国务院正式将“特区”定名为“经济特区”。

1979

**1982年　农村家庭联产承包责任制确立**

1982

1978 年，经济体制改革率先在农村展开，改革的主要措施是推行以家庭联产承包为主的责任制。1982 年 1 月 1 日，中共中央批转《全国农村工作会议纪要》，纪要中确立了这种责任制。

**1984年　提出有计划的商品经济**

1984 年 10 月 20 日，中国共产党十二届三中全会举行。会议通过的《中共中央关于经济体制改革的决定》中提出：社会主义计划经济是在公有制基础上的有计划的商品经济。

1984

**1986年　全民所有制企业改革启动**

1986

1986 年 12 月 5 日，国务院颁发的《关于深化企业改革增强企业活力的若干规定》中提出，全民所有制小型企业可积极试行租赁、承包经营。全民所有制大中型企业要实行多种形式的经营责任制。各地可以选择少数有条件的全民所有制大中型企业进行股份制试点。

**1987年　提出“一个中心、两个基本点”**

1987 年 10 月 25 日至 11 月 1 日，中国共产党第十三次全国代表大会举行。大会提出了党在社会主义初级阶段“一个中心，两个基本点”的基本路线，即以坚持经济建设为中心，坚持四项基本原则、坚持改革开放。

1987

**1988年　提出“科学技术是第一生产力”**

1988

1985 年 3 月 13 日，中共中央颁发的《关于科学技术体制改革的决定》中指出：现代科学技术是新的社会生产力中最活跃和决定性的因素。1988 年 9 月 5 日，时任国家领导人的邓小平提出了“科学技术是第一生产力”的著名论断。

**1992年　社会主义市场经济体制改革目标确立**

1992 年 10 月 12 日至 18 日，中国共产党第十四次全国代表大会举行。大会总结了十一届三中全会以来的实践经验，确定国家经济体制改革的目标是建立社会主义市场经济体制。

1992

**1993年 提出建立现代企业制度**

1993年11月11日至14日，中国共产党十四届三中全会举行。全会通过的《中共中央关于建立社会主义市场经济体制若干问题的决定》中指出：建立社会主义市场经济体制，就是要建立适应市场经济要求，产权清晰、权责明确、政企分开、管理科学的现代企业制度。

1993

**1993年 进行分税制改革**

1993

1993年12月15日，国务院颁发《关于实行分税制财政管理体制的决定》。这是1949年以来政府财政体制涉及范围最广、调整力度最强、影响最为深远的制度改革。

**1993年 提出金融体制改革目标**

1993年12月25日，国务院颁布的《关于金融体制改革的决定》中提出了金融体制改革的目标：确立中国人民银行作为独立执行货币政策的中央银行的宏观调控体系；实行政策性银行与商业银行分离，以国有商业银行为主体、多种金融机构并存的金融组织体系；建立统一开放、有序竞争、严格管理的金融市场体系。

1993

**1994年 外贸体制综合配套改革**

1994

1994年1月11日，国务院颁布的《关于进一步深化对外贸易体制改革的决定》提出了对外贸易体制改革的目标：统一政策、开放经营、平等竞争、自负盈亏、工贸结合、推行代理制，建立适应国际经济通行规则的运行机制。

**1994年 住房市场化改革施行**

1994年7月18日，国务院颁布的《关于深化城镇住房制度改革的决定》提出了城镇住房制度改革内容，其中包括把住房实物福利分配的方式改变为以按劳分配为主的货币工资分配方式、建立住房公积金制度等。《决定》的出台促进了住房市场化的进程。

1994

**1995年 提出“两个根本性转变”目标**

1995

1995年9月25日至28日，中国共产党十四届五中全会举行。全会通过的《中共中央关于制定国民经济和社会发展“九五”计划和2010年远景目标的建议》中提出，要实行两个具有全局意义的根本性转变：一是经济体制从传统的计划经济体制向社会主义市场经济体制转变；二是经济增长方式从粗放型向集约型转变。

**1996年 外汇管理体制改革取得重大进展**

1996年12月1日，中国开始接受国际货币基金组织协定第八条款，实行人民币经常项目下的可兑换。这标志着中国外汇管理体制改革取得重大进展。

1996

**1997年 提出社会主义初级阶段的基本纲领**

1997 年 9 月 12 日至 18 日，中国共产党第十五次全国代表大会举行。大会提出了党在社会主义初级阶段的基本纲领：建设有中国特色社会主义的经济，就是在社会主义条件下发展市场经济，不断解放和发展生产力；建设有中国特色社会主义的政治，就是在中国共产党领导下，在人民当家作主的基础上，依法治国，发展社会主义民主政治；建设有中国特色社会主义的文化，就是以马克思主义为指导，以培育有理想、有道德、有文化、有纪律的公民为目标，发展面向现代化、面向世界、面向未来的，民族的科学的大众的社会主义文化。

1997

**1999年 明确非公有制经济是社会主义市场经济的重要组成部分**

1999 年 3 月 5 日至 15 日，九届全国人大二次会议举行。会议通过了《中华人民共和国宪法修正案》，首次明确非公有制经济是中国社会主义市场经济的重要组成部分。

1999

1999

**1999年 提出西部大开发战略**

1999 年 3 月 22 日，国务院颁布《关于进一步推进西部大开发的若干意见》，提出推进西部大开发的十条意见。根据这一文件，2000 年中国西部大开发拉开帷幕。

**2001年 中国正式成为世贸组织成员**

2001 年 11 月 10 日，在卡塔尔多哈举行的世界贸易组织（WTO）第四届部长级会议通过了中国加入世贸组织法律文件，中国正式成为世贸组织新成员。

2001

2002

**2002年 确定全面建设小康社会的奋斗目标**

2002 年 11 月 8 日至 14 日，中国共产党第十六次全国代表大会举行。大会提出了全面建设小康社会的构想，即在本世纪头 20 年建设更高水平的小康社会；到本世纪中叶基本实现把中国建设成为富强、民主、文明的社会主义现代化国家。

**2003年 提出振兴东北地区等老工业基地战略**

2003 年 9 月 10 日，国务院常务会议提出了振兴东北地区等老工业基地的指导思想、原则、任务和政策措施。2003 年 9 月 29 日，中共中央总书记胡锦涛主持召开中共中央政治局会议，会议指出：东北地区等老工业基地振兴是一项重大战略任务。

2003

2004

**2004年 提出要大力发展资本市场**

2004 年 1 月 31 日，国务院颁布《关于推进资本市场改革开放和稳定发展的若干意见》，明确提出要大力发展资本市场。

**2004年 国有商业银行进行股份制改革**

中国银行股份有限公司和中国建设银行股份有限公司分别于 2004 年 8 月 26 日和 9 月 21 日成立。两家国有独资商业银行整体改制为国家控股的股份制商业银行。

2004

**2004年 保护私有财产入宪**

2004

2004 年 3 月 14 日，十届全国人大二次会议审议通过了第四次宪法修正案。“公民的合法的私有财产不受侵犯”、“国家尊重和保护人权”等内容被写入宪法。

**2005年 股权分置改革试点启动**

经国务院批准，2005 年 4 月 29 日，中国证监会发布了《关于上市公司股权分置改革试点有关问题的通知》，宣布启动股权分置改革试点工作。股权分置改革启动一年后，中国资本市场在股权分置改革、提高上市公司质量、证券公司综合治理、发展壮大机构投资者以及健全和完善市场法制等五个方面取得了重大进展或阶段性成果。

2005

**2005年 提出建设社会主义新农村的重大历史任务**

2005

2005 年 10 月 11 日，中国共产党十六届五中全会通过《中共中央关于制定国民经济和社会发展第十一个五年规划的建议》，明确今后 5 年中国经济社会发展的奋斗目标和行动纲领，提出了建设社会主义新农村的重大历史任务。

**2006年 农业税条例废止**

2005 年 12 月 29 日，第十届全国人大常委会第十九次会议通过《关于废止中华人民共和国农业税条例的决定》。2006 年 1 月 1 日起，政府取消了农业税、农业特产税和牧业税三种形式的税收。

2006

**2006年 提出构建社会主义和谐社会**

2006

2006 年 10 月 8 日至 11 日，中国共产党十六届六中全会召开。全会通过的《中共中央关于构建社会主义和谐社会若干重大问题的决定》中，明确提出“提高构建社会主义和谐社会的能力”是党执政能力的一个重要方面。

**2007年 《物权法》出台**

2007 年 3 月 16 日，十届全国人大第五次会议通过《中华人民共和国物权法》，这部于 10 月正式实施的法律，明确规定对公有财产和私有财产给予平等保护。

2007

**2007年 科学发展观写入党章**

2007

2007 年 10 月 15 日至 21 日，中国共产党第十七次全国代表大会召开。这次大会将科学发展观写入了修改后的党章，是十七大的一个重要历史贡献。

北京 2008 年奥运会会徽

# 同一个世界　同一个梦想
# *One World One Dream*

## 奥运会理念

1979 年，中国恢复了在国际奥委会的合法席位。1981 年，何振梁当选为国际奥委会委员，中国与奥林匹克运动的关系、与国际奥委会的合作进入了新的历史时期。1984 年，中国派出代表团参加了洛杉矶奥运会。此后，中国人一直分享奥运会的荣誉和欢乐。

2001 年 7 月，北京获得了 2008 年奥运会的主办权。当年成立的北京奥组委将 2008 年奥运会的理念确定为**“绿色奥运、科技奥运、人文奥运”**。“绿色奥运”是用保护环境、保护资源、保护生态平衡的可持续发展思想筹办奥运会；“科技奥运”是要集成全国科技创新成果，举办一届高科技含量的体育盛会；人文奥运是要传播现代奥林匹克思想，推动中外文化的交流，加深各国人民之间的了解与友谊，努力建设使奥运会参与者满意的自然和人文环境。

**会　　徽**：中国印——舞动的北京

**奥运会口号**：同一个世界　同一个梦想

**吉　祥　物**：福娃——贝贝、晶晶、欢欢、迎迎、妮妮

**开 幕 时 间**：2008 年 8 月 8 日 20:08

**比 赛 时 间**：2008 年 8 月 6 日—8 月 24 日

**比 赛 项 目**：28 个大项、302 个小项。田径比赛共设 47 枚金牌，是北京奥运会产生金牌最多的项目。足球比赛将在开幕式之前进行。

在 2008 年北京奥运会上，人们可以看到精彩的中国武术比赛——“2008 北京武术比赛”。这次比赛将在 2008 年 8 月 21—24 日举行，共设 10 枚金牌，其中套路 8 枚，在男子长拳、南拳、刀、棍和女子长拳、太极拳、枪、剑中产生。另有散打 2 枚。

北京 2008 年奥运会吉祥物

北京 2008 年奥运会火炬

北京 2008 年奥运会奖牌

中国首位参加奥运会的运动员刘长春

篮球运动员姚明

## 奥运精神在中国

奥运精神首先是一种参与精神，参与比获胜更重要。1932 年，中国百米运动员刘长春只身海上漂泊 21 天到达洛杉矶，代表中国人首次参加在那里举行的第十届奥运会。疲惫的刘长春在比赛中虽最终被淘汰，但他用行动证明了中国人的参与精神。

奥运精神也是“更快、更高、更强”的精神。1949 年以来，中国代表团先后参加了六届夏季奥运会、八届冬奥会。其中在洛杉矶、巴塞罗那、亚特兰大奥运会上获金牌总数列第四位，在雅典奥运会上获金牌总数列第二位。

奥运精神更是广泛性的、团结的精神。北京力求为世界奉献一次更好的奥运会，13 亿中国人同世界各国运动员一起，共享这次体育盛会，从而促进彼此的团结与友谊。

2008 年 5 月 8 日，北京奥运圣火成功登顶世界最高峰珠穆朗玛峰。

2008 年 3 月 24 日，北京 2008 年奥运会的圣火在希腊古奥林匹亚遗址成功采集。

## 2008残奥会

2008 年北京残奥会是第十三届残疾人奥运会，将于 2008 年 9 月 6 日至 9 月 17 日在北京举行。比赛场馆共 20 个。其中北京 18 个项目使用 16 个奥运会场馆，为了便于安排交通，绝大部分场馆集中在奥林匹克中心区和大学区。帆船和马术比赛场馆使用青岛和香港的奥运会比赛场馆。

残奥会的比赛项目有 20 个大项，即射箭、田径、硬地滚球、自行车、马术、5 人制足球、7 人制足球、盲人门球、盲人柔道、举重、赛艇、帆船、射击、游泳、乒乓球、坐式排球、轮椅击剑、轮椅篮球、轮椅橄榄球和轮椅网球。根据残奥会规则，所有项目将根据运动员的残疾类别和残疾程度进行分级，共设 471 枚金牌。有 150 个国家和地区的 4000 多名运动员、2500 多名教练员、官员参加这届运动会。

Beijing 2008
Paralympic Games

北京 2008 年残奥会会徽

奥运主场馆：鸟巢

## 2007上海特奥会

2007 年 10 月 2 日—11 日，中国上海举办了第十二届世界夏季特殊奥林匹克运动会。

来自 160 多个国家和地区的 7400 多名运动员、教练员，2 万多名运动员家长、专家和嘉宾，以及各个行业的志愿者参加了这次特奥盛会。

2007上海特奥会标志

此次特奥运动会有田径、水上运动、球类、举重、体操、柔道、帆船、马术、皮划艇等正式比赛项目 21 个，表演项目 4 个。

特奥会的口号是“你行，我也行！”——体现了特奥运动员自强不息的精神，体现了特奥运动“平等包容”的精神，体现了“共同参与、分享快乐、交流技艺、增进友谊”的特奥运动理念和使命。

中国特奥代表团参加了全部比赛项目和表演项目，获得 463 枚金牌、336 枚银牌和 258 枚铜牌。

## 志愿者

北京奥运会志愿者接受英语培训

北京奥运会赛会志愿者总需求约为 7 万人，残奥会赛会志愿者总需求约为 3 万人，主要在北京地区招募，以北京高校学生为主要来源。同时，面向全国公民、海外华侨华人和留学生、外国人招募一定数量的赛会志愿者。

赛会志愿者报名从 2006 年 8 月起陆续开始，至 2008 年 3 月底结束。到 2008 年 1 月，报名人数已经突破 80 万，已初步选定 8 万人。北京奥组委志愿者部等相关单位已对选拔出的人员进行通用培训；其中的专业志愿者基本完成专业培训；体育赛事志愿者均参加了场馆培训和岗位培训。残奥会志愿者的师资培训工作已经展开。

## 奥运会金牌与中国获得者

在 1984 年洛杉矶奥运会上，射击运动员许海峰获得中国奥运史上第一枚金牌。从那时起至今，中国运动员总计获夏季奥运会金牌 112 枚。2004 年在雅典第二十八届奥运会上，中国运动员共获得 32 枚金牌，其中 20 岁以下的运动员有 10 人。这次奥运会上，田径、划艇、网球等项目成绩斐然。刘翔在男子 110 米栏的比赛中以 12 秒 91 的成绩和绝对优势，获得奥运会金牌，平世界纪录并创奥运会纪录，这是中国田径运动员在奥运会男子短距离跑比赛中的历史性的突破。男子 500 米双人划艇运动员孟关良和杨文军为中国赢得水上项目奥运会第一金；孙甜甜、李婷为中国赢得第一个奥运会网球女双比赛冠军。

乒乓球、羽毛球、体操、跳水等是中国运动员在历届夏季奥运会中获得金牌较多的项目，其他如游泳、射击、举重、击剑、中长跑、竞走、柔道、摔跤等项目均获得过奥运会金牌。

1984 年，许海峰实现了中国奥运金牌零的突破。

田径运动员刘翔

**历届奥运会中国代表团奖牌获得数**

| 年/届 |  |  |  | 总计 | 排名 |
|---|---|---|---|---|---|
| 1984 年第二十三届洛杉矶奥运会 | 15 | 8 | 9 | 32 | 4 |
| 1988 年第二十四届汉城奥运会 | 5 | 11 | 12 | 28 | 11 |
| 1992 年第二十五届巴塞罗那奥运会 | 16 | 22 | 16 | 54 | 4 |
| 1996 年第二十六届亚特兰大奥运会 | 16 | 22 | 12 | 50 | 4 |
| 2000 年第二十七届悉尼奥运会 | 28 | 16 | 15 | 59 | 3 |
| 2004 年第二十八届雅典奥运会 | 32 | 17 | 14 | 63 | 2 |

## 残奥会获金牌数

1984年，中国人首次组团参加在美国纽约举行的第七届残奥会，而后连续参加了五届残奥会。在这五届残奥会上，共派出215名运动员，共夺得金牌80枚，59人次破75项世界纪录，25人破残奥会纪录。在2004年第十二届残奥会上，中国体育代表团的200名残疾人运动员在所参加的11个大项、284个小项的比赛中，共获得金牌63枚，金牌总数在136个参赛国家和地区中名列首位。

残奥会游泳项目 4 枚金牌获得者何军权

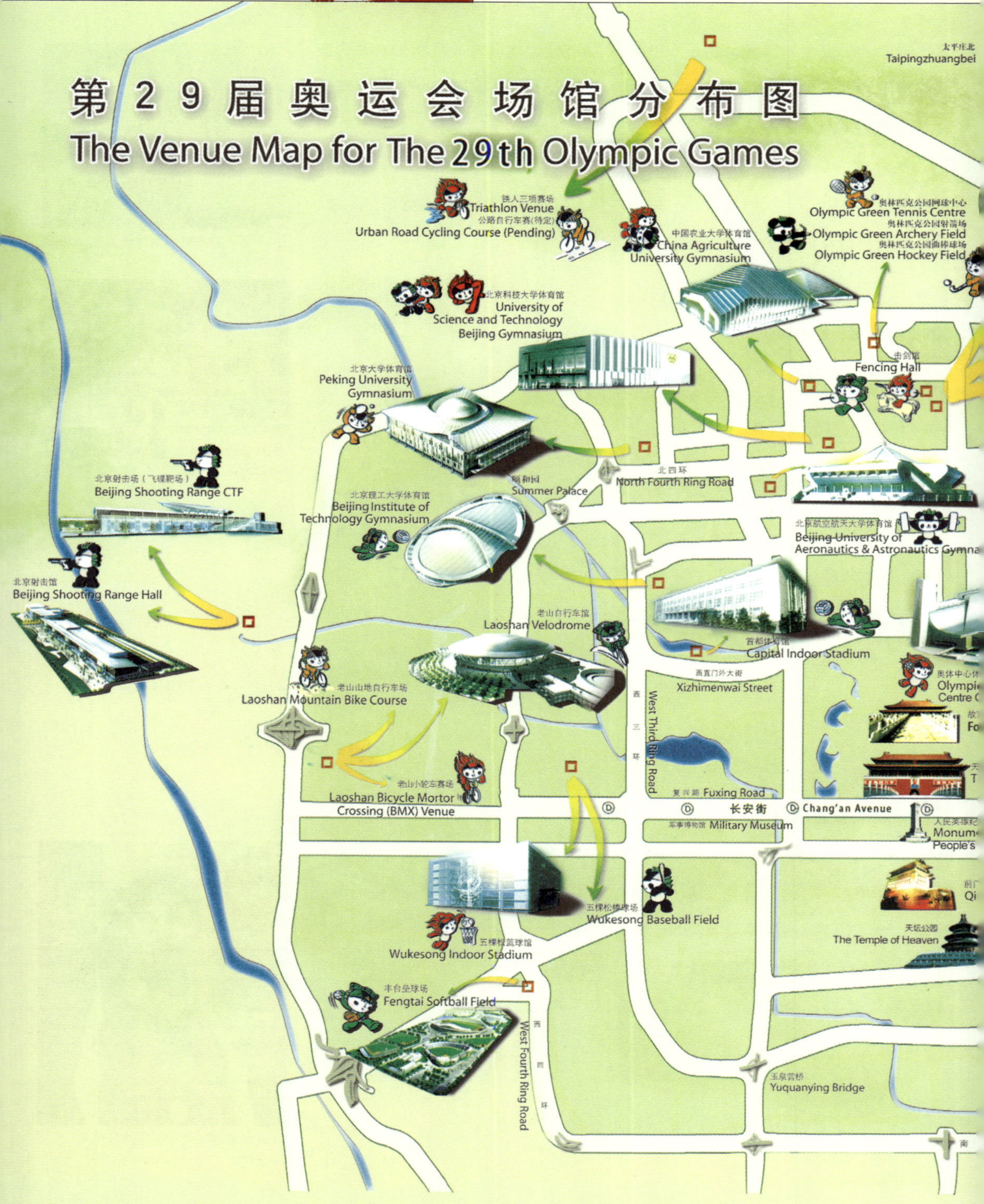
第29届奥运会场馆分布图
The Venue Map for The 29th Olympic Games
Taipingzhuangbei
铁人三项赛场
Triathlon Venue
公路自行车赛(待定)
Urban Road Cycling Course (Pending)
中国农业大学体育馆
China Agriculture University Gymnasium
Olympic Green Tennis Centre
Olympic Green Archery Field
Olympic Green Hockey Field
北京科技大学体育馆
University of Science and Technology Beijing Gymnasium
北京大学体育馆
Peking University Gymnasium
击剑馆
Fencing Hall
颐和园
Summer Palace
北四环
North Fourth Ring Road
北京射击场（飞碟靶场）
Beijing Shooting Range CTF
北京理工大学体育馆
Beijing Institute of Technology Gymnasium
北京航空航天大学体育馆
Beijing University of Aeronautics & Astronautics Gymna
北京射击馆
Beijing Shooting Range Hall
老山自行车馆
Laoshan Velodrome
首都体育馆
Capital Indoor Stadium
西直门外大街
Xizhimenwai Street
老山山地自行车场
Laoshan Mountain Bike Course
West Third Ring Road
老山小轮车赛场
Laoshan Bicycle Mortor Crossing (BMX) Venue
复兴路
Fuxing Road
长安街
Chang'an Avenue
Military Museum
The Temple of Heaven
五棵松棒球场
Wukesong Baseball Field
五棵松篮球馆
Wukesong Indoor Stadium
丰台垒球场
Fengtai Softball Field
West Fourth Ring Road
玉泉营桥
Yuquanying Bridge

顺义奥林匹克水上公园
Shunyi Olympic Rowing-Canoeing Park
West Runway
East Runway
Third Runway
首都国际机场
Capital International Airport
国家体育馆
ational Indoor Stadium
国家游泳中心
National Aquatics Centre
国家体育场
National Stadium
英东游泳馆
Ying Tung Natatorium
奥体中心体育场
Olympic Sports Centre Stadium
工人体育馆
Workers' Indoor Arena
朝阳公园沙滩排球场
Chaoyang Park
Beach Volleyball Ground
工人体育场
Workers Stadium
国贸 China World Trade Centre
East Third Ring Road
北京工业大学体育馆
Beijing University of Technology Gymnasium
h Ring Road
沈阳奥林匹克体育中心体育场
Shenyang Olympic Sports Center Stadium
天津奥林匹克中心体育场
Tianjin Olympic Sports Center Stadium
秦皇岛市奥林匹克中心体育场
Qinhuangdao Olympic Sports Center Stadium
青岛奥林匹克帆船中心
Qingdao Olympic Sailing Center
上海体育场
Shanghai Stadium
香港奥运赛马场
Hong Kong Olympic Equestrian Venue
图 例
LEGEND
奥运会比赛场馆
Olympic Competition Venue
2008城市轨道交通线
Building Urban Rail Line before 2008
道路
Roads

# 四川汶川大地震

**历史将永远记住这个时刻：2008 年 5 月 12 日 14 点 28 分**

**历史将永远记住这个地方：中国四川省汶川县**

**震级：8.0，烈度：11 度**

地震一发生，中共中央总书记、国家主席、中央军委主席胡锦涛立即作出重要指示：要尽快抢救伤员，确保灾区人民群众生命安全。胡主席动员全国人民抗震救灾，并迅速调集人民解放军和武警部队开赴灾区抗震救灾第一线。国务院总理、国家抗震救灾总指挥部总指挥温家宝以最快的速度飞赴灾区，亲自指挥救灾工作。

四川汶川县发生的特大地震，是 1949 年新中国成立以来破坏性最强、波及范围最广、救灾难度最大的一次地震。地震发生时，北京、江苏、贵州、宁夏、青海、甘肃、河南、山西、陕西、山东、云南、湖南、湖北、上海、重庆、西藏等十几个省、(自治)区、(直辖)市均有震感。除四川省外，甘肃、陕西、云南等地都有不同程度的灾情发生。截至 2008 年 6 月 1 日，地震已造成近 7 万人死亡，近 40 万人受伤，近 2 万人失踪，受灾人群达 4500 多万。

四川省北川县城老城区被地震夷为平地

## 汶川地震数字

| | |
|---|---|
| 死　　亡 | 69016 人 |
| 受　　伤 | 368545 人 |
| 失　　踪 | 18830 人 |
| 受灾人群 | 4555.29 万人 |
| 倒塌房屋 | 652.5 万间 |
| 损坏房屋 | 2314.3 万间 |
| 损毁国道省道干线公路 | 15 条 |
| 中断铁路 | 5 条 |
| 损失畜禽 | 4433.56 万头(只) |
| 解放军、武警投入救援 | 13 万人 |
| 公安民警、消防官兵和特警投入救援 | 2 万人 |
| 医疗卫生人员投入救援 | 9.13 万人 |
| 专业救援队 | 5257 人 |
| 志 愿 者 | 8 万人 |
| 解救被困群众 | 69.8 万人 |
| 救活被掩埋人员 | 6541 人 |
| 救治伤员 | 36 万 |
| 紧急转移安置受灾群众 | 1514.74 万人 |
| 政府拨款 | 226.09 亿元 |
| 民间捐款 | 373.07 亿元 |
| 各国政府捐款 | 7500 万美元 |

（截至 2008 年 6 月 1 日 12 时）

救灾官兵冒着遭遇余震、塌方、山体滑坡的风险，抢救受伤百姓，用双手托起幸存者生还的希望。

地震时的陆路救援通道受阻严重，空军与民航部门共出动近百架直升飞机，飞行数千架次，向灾区运送救援物资，转移伤员，开辟了一条“空中生命线”。

5月20日，在联合国安理会会议上，联合国秘书长潘基文与安理会成员集体默哀，对中国四川大地震遇难者表示深切哀悼。许多国家的国家元首、政府首脑纷纷前往中国大使馆，悼念地震中的遇难者，并表达对中国人民的同情、友谊和支持。

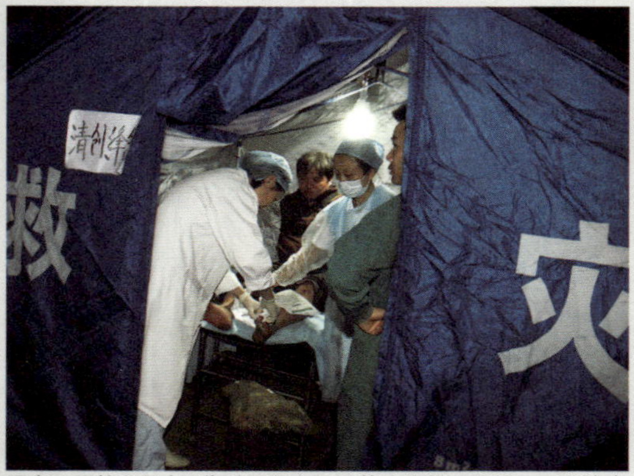


深夜，医护人员在“临时医务室”里救治伤员。灾后，卫生防疫工作及时展开，避免了重大疫情的发生。

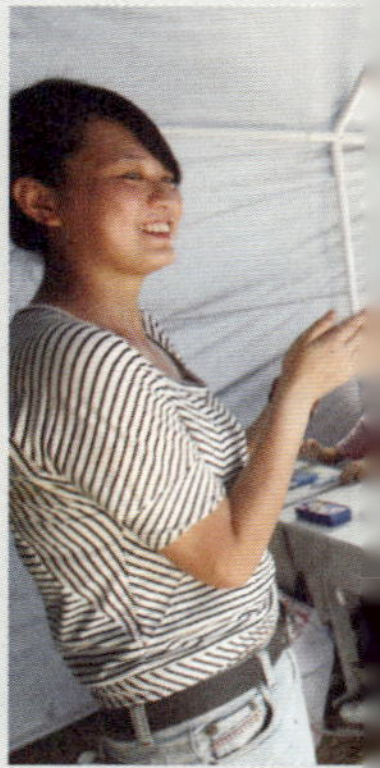

灾后重建工作全面展
社会生活逐步恢复正
图为建在绵竹体育中
置区的一所帐篷学校。